Making my Tube Guitar AMPLIfier 2

真空管 ギターアンプの 製作・解説・改造修理

林 正樹 著
Hayashi Masaki

本書のサービスサイト

https://rutles.co.jp/download/550/index.html

免責事項

本書内容については、間違いが無いよう最善の努力を払って検証していますが、著者および発行者は、本書の利用によって生じたいかなる障害に対してもその責任を負いませんので、あらかじめご了承ください。

本書に記載されている会社名、製品名は、各社の登録商標または商標です。

はじめに

　本書は、前著の『真空管ギターアンプの工作・原理・設計』の続編である。前著は日本における初の真空管ギターアンプの本であった。少し驚くのが、前著からなんと十年の月日が経ってしまったが、いまだに前著以外の真空管ギターアンプを解説した本が、日本でほとんど出版されていないことだ。これは真空管オーディオアンプの製作とかなり対照的で、オーディオ界では、真空管アンプの本がいまださかんに出版されているのである。

　さて、というわけで、ふたたび私自らが第二弾をここに出版させていただくわけだ。実は日本でも、インターネット上であれば、真空管ギターアンプの情報は、かなり豊富にある。もちろん、本場アメリカでは、書籍、ネットともに膨大な情報があるのだが、日本においてもネットの情報はけっこう多い。望むらくは、そういう日本語の真空管ギターアンプ情報が盛んに出版される世の中になると嬉しい。

　本書は、前著から少し方向を転じて、製作・解説・改造修理、という三部に沿って書かれている。特に、前著では製作記事はFender Champの一本だけだったが、本書では6本の製作記事があって充実している。実を言うと、いずれの作例も、私の嗜好に沿って設計製作したものばかりで、ちょっと変わっている。私は、FenderやMarshallなどの古典的名機をベースにした正統派ギターアンプビルダーとはだいぶ違うところにいるのである。したがって、出て来る音もわりと変わっていて、一部は変態的である（笑）。本書のサービスサイトに私がこれらアンプで弾いた音もふんだんに載せているので、ぜひ、聞いてみて欲しい。

　それから前著では、主に真空管ギターアンプの原理や理論などを丁寧に解説したが、今回は、主に実践的な内容の解説を心がけた。これら解説は、真空管ギターアンプを扱うときにすぐに役に立つと思う。また、今回、改造と修理についても書いてみた。改造の例題としてFender Blues Juniorを取り上げ、この通りやればだれでもできるように詳しく解説している。修理についてだが、自分の身の回りでも、ヴィンテージな真空管ギターアンプの調子が悪くなったので治したい、ということが頻繁にある。もちろん普通、プロの修理屋に依頼するのだが、知識さえあれば自分で修理することもできる。ここでは、これから修理もしてみよう、という人に必要なベーシックな情報を提供している。

　真空管ギターアンプは、盛んにやられているエフェクターの製作・改造ほどは手軽ではないが、真空管をいじって音作りするのは、ことのほか楽しい。特にあなたがギター弾きなら、やってみると絶対にハマると思う。自分だけのアンプを作ってしまったりすると、それはまさにあなたのベイビーであって、頬ずりするほど愛着を持つこと請け合いである。みなさんもぜひ本書を通じて、その楽しみを味わってもらいたい。

| はじめに | 3 |

製作編

1-0	製作編まえがき	8
1-1	ミニチャンプ	9
	回路の検討	9
	製作	11
	試奏	17
1-2	6AQ5 – 6AQ5 可搬型ミニアンプ	18
	段ボールオーディオアンプ	18
	ギターアンプへ流用	18
	試作	21
	アンプの技術的所見	23
	可搬型ミニアンプへ	24
1-3	0.2W級集合住宅用ギターアンプ	29
	パワー段の設計	29
	プリ段の設計	30
	製作	32
	トラブル発生!	36
	試奏	37
1-4	リバーブマシン	39
	原理	39
	リバーブタンクについて	41
	設計	43
	製作	44
	測定と結果	47
1-5	1950年代ブルースアンプ	51
	きっかけ	51
	最初のバージョン	52
	パワー不足判明	55
	古臭い音を求めて	55
	実践で使う	60
	第一号試作機	61
	実用機へ	62
	製品版 Blues Classic へ	64
	その後	65
1-6	ファズ・フェイス	68
	ファズについて	68
	Fuzz Face の回路と動作	69
	一次試作	70
	紙箱のままでリハ	71
	現用機へ	72
	Fuzz Face 実用機	73
	Classic Fuzz ／ Modern Fuzz 製品版	76

真空管ギターアンプの製作・解説・改造修理

解説編

2-0	解説編まえがき	82
2-1	バイアス調整	83
	バイアスとはなにか	83
	バイアスのかけ方	86
	パワー段でのバイアス	87
	パワー管を替えた時のバイアス調整	89
	バイアス調整のしかた	91
	プレート電流をいくら流すか	94
2-2	パワーアッテネータ	97
	市販のパワーアッテネータ	97
	原理	97
	ツマミでパワーを変えたい	100
	出音はどうなるのか	101
	ミニチャンプにアッテネータを付けよう	102
2-3	真空管の挿し替え	105
	挿し替えの方法	105
	挿し替え事情など	107
2-4	Soldano型ハイゲインアンプの解析	109
	今回のSoldanoの回路	109
	エレキギターの出力	112
	Soldanoの解析	113
	どこでどう歪むのか	117
	ブロッキング歪とストッパー抵抗	117
	Soldano型ミニアンプ仮組み	120
2-5	小信号増幅とノイズ	123
	ノイズの大きさ	123
	ノイズを抑えるには？	125
2-6	トーンコントロール	133
	初期のトーンコントロール回路	133
	Fender定番のトーンコントロール回路	137
	ワンノブトーン	142
2-7	オカルトについて	145
	コンデンサ	146
	電解コンデンサ	147
	抵抗	148
	真空管	149
	トランジスタ	150
	線材	151
	ハンダ	152
	ヒューズ	153
	コンセント	153
	おわりに	154

2-8	LTspiceでシミュレーション	155
	コンピュータシミュレーションについて	155
	LTspiceを真空管回路で使う	156
	音をシミュレーションする	161
	サウンドシミュレーションの例	162
2-9	アンプの測定	164
	必要な機材	164

改造修理編

3-0	改造修理編まえがき	174
3-1	ブルース・ジュニア改造	175
	Blues Junior	176
	Blues Junior購入	176
	Billmさんの改造	177
	サーキットボードの外し方	179
	それでは、改造4種	183
	出力アッテネータ	190
	Blues Junior改造その2	191
	Blues Junior改造その3	193
	おわりに	198
3-2	ヴィンテージギターアンプの修理	199
	修理品受け取りから通電まで	199
	症状別の大まかな修理手順	203
3-3	ノイズを減らす	210
	ノイズの種類とラフな原因	210
	ノイズの原因	213

索　引	220

Making my Tube Guitar AMPLifier 2

製作編

1-0. 製作編まえがき
1-1. ミニチャンプ
1-2. 6AQ5-6AQ5可搬型ミニアンプ
1-3. 0.2W級集合住宅用ギターアンプ
1-4. リバーブマシン
1-5. 1950年代ブルースアンプ
1-6. ファズ・フェイス

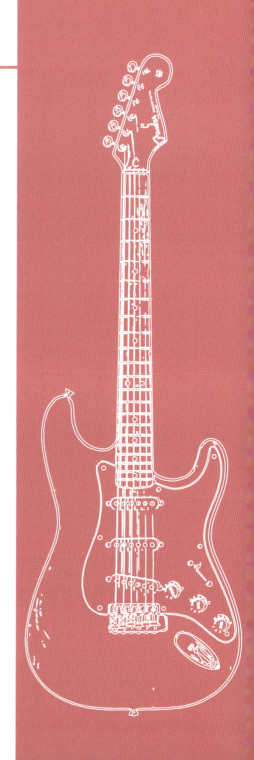

I-0 | 製作編まえがき

　ここでは、6点の製作記事を載せている。工作が苦手な自分のわりには点数が多い。ただし、ここで紹介している作例は、それぞれかなり癖があり、そこはこの僕に独自な嗜好や、性格が現れており、オーソドックスな方向とわりと逆を向いている。それを了承して、楽しんで欲しい。僕も、日本で真空管ギターアンプを設計・製作している方々の情報をそれなりに持っていて、それを見ると僕と違って、ヴィンテージチューブアンプの正統な技術を尊重し、それを現代的によみがえらせ、独自のきちんとした機器を作っておられる方が多い印象である。それに比べると僕は変なものばかり作ってるなあ、と思うわけで、その自覚はある。

　それでは、製作記事6点について簡単に触れておこう。まず、最初は「ミニチャンプ」。これは、正規のFender Champの回路を少し改変して小型にし、これを昭和の校内放送用スピーカーに組み込んだもの。2番目は、「6AQ5-6AQ5可搬型アンプ」。これは、パワー管の6AQ5を2本使ったミニアンプで、最終的にアルミケースに小さく収め、楽に持ち歩けるようにしたものである。3番目は「0.2W級集合住宅用ギターアンプ」。これは、その名の通り、集合住宅に住み大きな音を出すのがまったく無理な方々（自分含む）のために、極小の0.2Wで、しかも本格的な機能搭載を狙ったミニアンプである。4番目はアンプではなくスタンドアローンのリバーブマシンで、Fenderの製品を若干改変して現代風にしたもの。5番目は「50年代ブルースアンプ」で、Blues Classicとして製品にもなった作品で、その経緯を記したもの。そして最後の6番目は真空管ではなく、僕がライブで演奏するときに必須なFuzz Faceである。これもClassic Fuzzという名で製品化するまでの、あれこれの変遷を書いている。

　これらはすべて、前著に書いた基本的な真空管アンプの自作ノウハウを身に付けていれば、誰でも作れるように、回路図はもちろん、最初の4本は配線図も載せている。もし気に入ったものがあったら、ぜひ、自作してみて欲しい。もしあなたが真空管ギターアンプ自作が初めてだったら、それはラッキーである。自作して音を出すと分かるが、自分で作った物は、そのへんのアンプより5倍ぐらいいい音がして、自作アンプに対する愛情が芽生えるはず。すでに何台も作っている僕ですら、できあがった自作アンプは愛おしいのである。

1-1 ミニチャンプ

　昨今の日本の住宅事情から、家でエレキギターを大音量で鳴らすのなんて論外、という人はことのほか多いと思う。そんなわけで、最近、小出力のミニアンプが一部に意外と人気だったりする。ソリッドステート製ミニアンプはMarshall、Fenderをはじめ各社からいくらでも出ているし、デジタルのアンプシミュレータもいくらでもある。しかし、僕もそれらをいくつか弾いてみたが、正直、あまり満足できる音ではなかった。

　もっともおそらく僕がギタリストとしてはブルース系なので、エフェクターで作った音が好きでないのも大いにあるだろう。やはり真空管の音が欲しい、と思ってしまう。で、それ系の人をターゲットに、プリ管をパワー段に使った0.5Wチューブギターアンプとか出ているが、どうだろう。実は自分でも作ったことがあるが、やはり音が痩せて聞こえてしまい、ハリに欠ける気がする。

　というわけで、ここでは、やはり真空管ギターアンプの最小構成はFender Champに尽きるのではないか、という独断に基づいて進めよう。前著の『真空管ギターアンプの工作・原理・設計』で取り上げたChampのコピーは実は、それほどコンパクトではない。パワー管の6V6GTと整流管の5AR4はGT管で大きいし、電源トランスも勢い大きくなり、真空管も3本である。そこでここでは、Champの性能をそのままに、コンパクト版を作ってみようと思う。これを「ミニチャンプ」と名付けた。

■ 回路の検討

　まずはコンパクトにするということで、GT管の2本をなんとかしよう。ここではパワー管の6V6GTを同等品のMT管の6AQ5に変更する。同等品と言われていても、実際に規格表を見てみると、6AQ5の方が非力である。まず、プレートにかけられる電圧が、6V6GTでは315Vで、6AQ5では250Vである。このためB電圧を低くしなければならず、そうすると取れる最大出力も減る。規格表によれば、6V6GTに315Vかけると出力5.5W、6AQ5に250Vかけると出力3.4Wである。そこが違うだけで、その他の電気特性は同じなので、この二つの真空管のトーンキャラクタはほぼ同じなはずである。

　そして、整流管の5AR4だが、これはあっさりとシリコン整流に置き換えよう。シリコンにしちゃうと音が変わっちゃわないか、というと、それは変わる。良く変わるか悪く変わるかはギタリストの好みなので分からない。一般には、整流管を使うと音にコンプレスがかかってブラウンなブルージーな感じになると言われる。それはなぜかというと、整流管とシリコンの内部抵抗の違いにある。整流管は数百Ωで、シリコンは数Ω以下でゼロΩに近いのである。それで、整流管の場合どうなる

かというと、アンプで、パワー管で歪むぐらいでかい音を出したとき、電源に大きな電流が流れ、この数百Ωの抵抗で電源電圧が下がる。そうすると出力パワーが落ちる。すなわち、音にコンプレッサーをかけた効果になるのである（この電源回路の内部抵抗による現象を電源レギュレーションという）。シリコンではそういうことは起こらず、のびのびした音が出る。小さい音で弾いている限りでは以上のコンプレス現象は起こらず、整流管でもシリコンでも同じなはずである。

それから、B電源の電圧を低くしたので、電源トランスもひと回り小さいものが使え、コンパクトで、軽く、おまけに安値で買える。それから電源回路については、オリジナルChampと少し違い、パワー段へ供給するB電源の前にπ型の平滑回路*を入れて、ハムノイズを少なくすることにした。特に小さな音で夜に一人で弾く時など、スピーカーから常に出ている「ジー」というノイズはうっとおしいものだ。あと、このπ型の平滑回路は、6AQ5に供給する電圧を減らして定格に収める意味もある。ただ、これも先に述べた電源レギュレーションを悪くするが、まあ、ブルージーな音になる、ということで納得しておくことにしよう。

以上の方針から、回路図は図1のようになった。

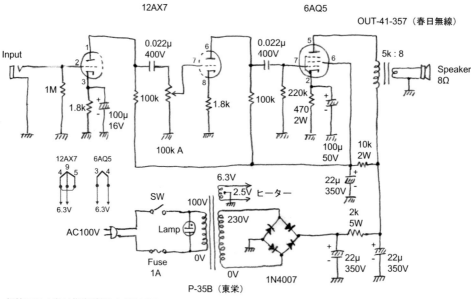

図1. ミニチャンプの回路図

平滑回路　交流のAC電源から真空管に必要な直流を作り出す際に、まず交流を整流回路で整流した後、真っ平らな直流に整形する回路。

■ 製作

　まず、キャビネットだが、木工ができる人はみな自分で作っているし、ジャンクのアンプを安値で買ってそこに組み込む人とかけっこういると思う。ここでは、昭和の校内放送用スピーカーボックスに、このミニチャンプを組み込んでいる。昔の小学校とかの教室の天井に付いているアレである。あれをひっくり返して使うとわりといい感じのギターアンプ・キャビネットになる。出来上がりの外観は図2と図3である。実は、以前、今回の校内放送スピーカーより一世代前の、ベニアで組んだ本当にチャチな感じの校内放送スピーカーをオークションで落としてそれにチャンプを入れたことがあって、これまたギターアンプ的に本当にいい音がした経験があるのである。で、今回もそうしたという次第である。ただ、今回、オークションで落とした筐体は以前のものに比べて、わりと小さかった。ただ、そのおかげで、コンパクト版のミニチャンプにぴったりであった。

図2. 校内放送スピーカーによるミニチャンプ外観

図3. ミニチャンプの上面

　次に、トランス選びがまず悩むところであろう。電源トランスは今回、東栄の0V-230Vが出るP-35Bという電源トランスを使いブリッジ整流で両波整流している。ここで、230V-0-230Vの両波整流用のトランスを使えばダイオードは2本ですみ、楽なので、それでもよいが、トランスは少し大きく重くなる。要は2次側が200Vから250Vていどで、DC電流定格が35mA以上あれば何を使ってもよい。昨今はトランスメーカーの数も減り、高価になったが、まだ、東栄変成器や春日無線変圧器など残っているのでWebで調べると良い。海外のHammondのトランスを海外通販で買ってもいい。

　出力トランスは、5kΩ：8Ωであれば何を使ってもいいが（1次側が3kΩとか7kΩとかでもまあ使えるので神経質にならなくていい）、ここでは春日トランスのOUT-41-357という、小さいものを使っている。出力トランスはふつう大きくて重いほどいい音がするので、あんまり小さいのは考え物だが、今回手持ちを使ったのでこうなった。お勧めとしては、Fender Champの出力トランスを使うのもよい。海外通販で買える。

　その他の部品はごく一般的なものを使っているが、使いたい人はヴィンテージものの抵抗やコンデンサを使ってみてもいいと思う。真空管は、今回、6AQ5はオークションで落としたGE (General Electric)製のJAN 6005Wという6AQ5相当の真空管を使った。1本600円の安値であった。12AX7はSovtekの12AX7WAを使っている。以上のように、真空管選びは臨機応変で、6AQ5と12AX7という型名さえ押さえておけば、あとは自由に選んでいい。部品表を表1に載せておく。

12

表1. ミニチャンプの部品表

品名・型名	数量	備考
真空管　6AQ5	1	GE型番 JAN-6005W
真空管　12AX7WA	1	Sovtek製
シリコンダイオード　1N4007	4	1000V 1A
電源トランス　P-35B 1次側：0-90V-100V 2次側：0-230V (35mA) 　　　　0-2.5V-6.3V (2A) 　　　　0-5V (0.5A)	1	東栄変成器
出力トランス　OUT-41-357 3k-5k-7kΩ (20mA)：0-4-8Ω シングル用、3W	1	春日無線変圧器
1MΩ　1/2W	1	カーボン抵抗
1.8kΩ　1/2W	2	〃
100kΩ　1/2W	2	〃
220kΩ　1/2W	1	〃
470Ω　1W	1	酸化金属皮膜抵抗
2kΩ　3W	1	酸化金属皮膜抵抗
10kΩ　1W	1	酸化金属皮膜抵抗
ボリューム　100kΩ A型	1	
コンデンサ　0.022μF　630V	2	フィルム
電解コンデンサ　22μF　350V	3	
電解コンデンサ　100μF　16V	1	
電解コンデンサ　100μF　50V	1	
真空管ソケットMT7ピン	1	
真空管ソケットMT9ピン	1	
モノ標準ジャック	1	
電源スイッチ	1	
ヒューズホルダー	1	
管ヒューズ　1A	1	
パイロットランプ（100V用）	1	
ACケーブル　2m	1	
ツマミ	1	
平ラグ板　8P	1	
立ラグ板　6P	3	
アルミシャーシー　130(W)×100(D)×40(H)	1	0.8mm厚
線材　ビニール線　0.5VSF および 0.3VSF	適量	
線材　スズメッキ線　0.5mm	適量	
シールド線　1芯	適量	
熱収縮チューブ　7mm	適量	
ネジ（3×8mm、4×8mm）	適量	
スプリングワッシャー	適量	

回路配線だが、本物のChampと同じく、図4のようにシャーシーは縦に使い、上面にツマミ類、下面に真空管を配置している。一方、校内放送スピーカーボックスの上面には切り欠きを作り、そこにシャーシーをネジでマウントする。2本の真空管は下を向くわけである。今回、ボックスが小さいのと、手持ちのアルミケースが小さかったのもあって、電源トランス、平滑回路、出力トランスはボックスの下面にネジ止めして組んだ。本家のFender Champでは、これらすべてはシャーシーにマウントされている。このへんは事情に応じて好きにすればいいと思う。ただ、僕のこのやり方の場合、ボックス内に下手に手を入れると感電する。なので、自分用でなければ金属や木やボール紙かなんかで柵を作っておいたほうがいい。

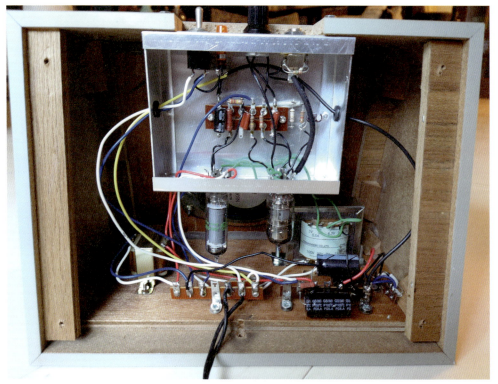

図4. ミニチャンプの内部配線

　実体配線図は図5である。見ての通り、ここではタレットボードではなく、市販のラグ板を使っている。アルミシャーシーへのグラウンド落としは、入力ジャックのところで行っている。いわゆる一点アースである（グラウンドとアースの意味は同じ）。アース周りで注意は、真空管のヒーターのグラウンド落としと、スピーカーの片側のグラウンド落としである。ヒーターをグラウンドに落

とすときは普通、ヒーターへ行く2本の線のどちらでもいいので片方をグラウンドに接続する。これを忘れると「ジー」というけっこう大きなノイズが出る。これは、電源トランスのヒーター巻き線が他の巻き線から浮いていてどこにもつながっていないせいで、アンプ回路のグランドに対して電位が定まらず、ときに数十ボルトの電圧が出てしまうことがあり、これが原因でカソード・ヒーター間にノイズが混入する、などということが起こるのである。ここでは使用した電源トランスのヒーター巻き線にたまたま2.5Vのタップがあったので、これをグラウンドに落とした。もしこれが無い場合は、ヒーターの2本の線のどちらかをグラウンドに落とせばよい。

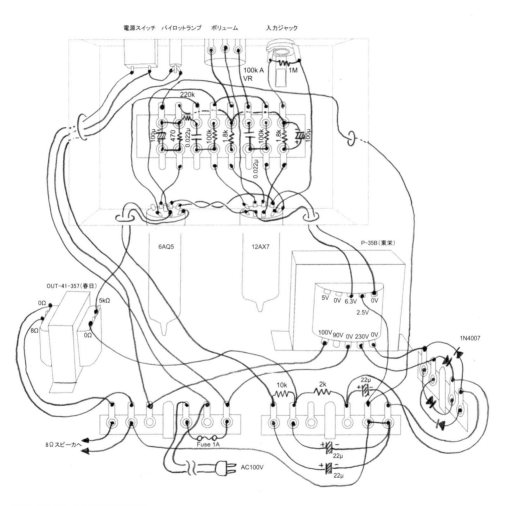

図5　ミニチャンプの実体配線図

もう一つは出力トランスの2次側のスピーカーがつながっている2本の線の片側をアースに落とすことである。この2次巻き線もアンプ回路から浮いてしまっているせいで電位が安定しない。時にはこれが原因でギャー！と鳴る発振を起こしてしまうことなどがある。これがまた、起こさないこともあるので厄介である。とにかくグラウンドにつないでおく癖をつけておいた方がいい。

　Fender Champには負帰還 (NFB: Negative Feedback)がかかっているのだが、今回のミニチャンプではNFBは使わなかった。もしChampと同じようにNFBをかけたいときは図6のようにすればよい。NFBはこのたった1本の22kΩの抵抗で、音がかなり変わる不思議な作用をする。原理は前著に詳しいので、ここではNFBの効果だけ言うと、NFBをかけると、信号の歪が減り、周波数特性がフラットになり、ノイズが減る、という風になる。しかしその代償としてアンプのゲインが減る。NFBの効果のていどは、この図6の22kΩの大きさで決まるので、いろいろな値を付け替えて好みの音になるようにすればいい。逆に、今回のミニチャンプのようにNFBなしだと、ギター音の印象としては、歪っぽくギスギスして、低域の削れたような感じのワイルドな音になる。これはもう、ひとえに好みである。このNFB量をツマミでコントロールできるようにしたのが、市販のチューブアンプでよく見る、おなじみのPresenceツマミである。

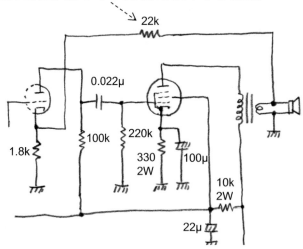

図6　NFB（負帰還）をかけるとき

　最後に各所の電圧の実測値を図7に載せておく。この電圧から±20％以上ずれていたら、なんらかの間違いの可能性があるので、調べた方がいい。

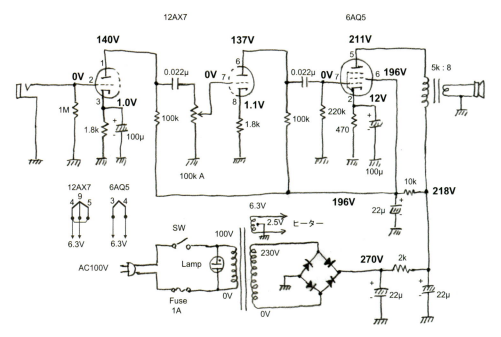

図7　電圧の実測値

■ 試奏

　試奏というか、すでにこの校内放送ミニチャンプでエレキギターを毎日練習している。家弾きでは音量的に3Wでもかなり音がでかい。2-2節でこのミニチャンプのパワーを1/10とかに落とすパワーアッテネータを紹介しているので、僕もそれを組み込み、スライドスイッチで切り替えられるようにしている。そうすると、夜でもけっこう弾けるのでとても便利である。

　音的には、これぞ真空管アンプの音、という堂々たる音がする。これは僕の考えだが、やはり真空管ギターアンプは、ちゃんと200V以上の電圧をかけて、パワー管は5極管を使い、できるだけ大きな出力トランスを使うのが最低線であろう。アンプシミュレータとかのデジタルや、ソリッドステートのミニアンプは、ギタリストが使うものとしてはやはりオモチャに終始する気がする。レコーディングやライブでうまく使うのは良いと思うが、家で日々練習するときは、かの故成毛滋さんや、トモ藤田さんが言い続けてきたように、真空管アンプが必須であろう。このミニチャンプはその要件を完全に満たしていて、一家に一台、お勧めする。

1-2 6AQ5 – 6AQ5可搬型ミニアンプ

　僕は実はつい最近まで、およそ十年間もスウェーデンで外国暮らしをしていた。夏休みの2か月ほどを除いてずっと北国のわりと淋しいところに住んでいたのだが、音楽活動は東京に帰った2か月に集中させ、スウェーデンではのんびりギターや歌の練習をしていた。それで、ギターの練習はやはり真空管アンプでしたいのである。前節でも書いたが、並みいるギタリストが、エレキギターの練習は絶対に真空管アンプでしなさい、さもなくば下手になる、と言い切っているわけで、練習には必須なのである。というわけで、スウェーデンに渡ってまもなくして、エレキ練習用の小さなチューブギターアンプを作った。これは、その製作記事である。

■ 段ボールオーディオアンプ

　異国で電子工作を始めるのはなかなか大変で、秋葉原は無いので、部品の通販調達先を探さないといけないし、工具も慣れない店でそろえないといけない。とはいえ、実はすでに主にブルースを聴くために、段ボール1球オーディオアンプというものを、スウェーデンで初めて自作して使ってはいた。これはなかなかにカワイらしい代物で、せっかくなので写真（図1）と回路図（図2）を載せておく。12AU7を1本使った段ボールに組み込んだ0.2Wていどのモノラルアンプである。スピーカーも内蔵していて、これが、けっこう素直ないい音がするのである。古いブルースとかかけると、ホントしみじみする。ここの製作記事とは関係ないが、興味がある人は作ってみるといい。これはちょっとお勧めである。

■ ギターアンプへ流用

　結局、このかわいいオーディオアンプをギターアンプに改造するか、と思い立って、そうしてしまった。このオーディオアンプで使っている、電源トランスを含めた電源回路と、出力トランスを使って今回のギターアンプを作るのが一番手っ取り早かったからである。結局、こいつは解体しちゃった。段ボールミニオーディオアンプも捨てがたく、ちょっと忍びなかったけど。

　で、回路をどうするかだが、異国ではアルミシャーシーとかの加工は工具が無くできなかったので、しょせんはやはりダンボールとか木切れで作ろうという魂胆で、そうなると6V6GTのGT管とかは大き過ぎて使う気になれないので、MT管を想定した。真空管をはじめ部品は通販で買うが、スウェーデンの片田舎だし勝手も分からずなかなかつらいところだ。結局、真空管を扱っているヨー

図1　段ボール式1球モノラルオーディオアンプ

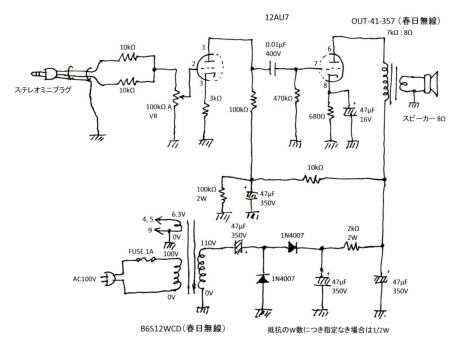

図2　段ボールアンプの回路図

ロッパのどこぞの通販店を見つけたので、そこで部品をあさることにした。

　見てみると、なんだかんだで高い。いろいろ探してみると、たまたま安売りセールで6AQ5が安くて千円ちょっとで買える。6AQ5は6V6GTのMT管バージョンなのでギターアンプにもちょうどいい。順当には6AQ5をパワー管にして12AX7をプリ管にするのだろうが、そのへんは、自分はあまのじゃくなので、あんまりそうする気にならない。

　なんとなく、FenderのChampの最も初期の5C1のように5極管を初段にしたいなあ、と思って、通販サイトをあさったが、ミニチュア管の5極電圧増幅管が（Radio tube っていうカテゴリーだった）、これまた軒並み高くて3000円以上したりする。たかが電圧増幅管になんでこんなに払わないといけないんだ、と思っているうちに思いついたのが、セール中で安値のパワー管の6AQ5を初段に使っちゃおう、というアイデアであった。

　ちなみに自分は、オーディオアンプを作っていたときからの常で、真空管アンプを作るときは、真空管の名前にこだわる。特性より名前で選ぶのである。だいたい特性なんか回路をあれこれすれば何とでもなるが、名前を変えることはできない。名前の並びが自分の気に入らないとイヤなのである。たとえば、今回みたいな12AX7 – 6AQ5はダメ、ぜんぜんダメ。カッコ悪い（と言いながら前節のミニチャンプでは機能優先でこれにしたが）。ちなみに自分の今までの傑作は、たとえば、12AU7 – 2A3の並び、これはいい。たぶん他人はぜんぜん分からないと思うが、それでもいいのである。

　というわけで、その観点から見ても、6AQ5 – 6AQ5というのは良い並びでとても気に入った。パワー管をプリアンプに使うのも面白い。というわけで、6AQ5を2本買うことにした。回路は、オーソドックスだけど、ほとんどFenderがまだFenderになる前に作っていたスティールギター用アンプを見習って、ボリュームもトーンも何にもないアンプにすることにした。音量はギター側で調整する。スイッチもなく、コンセントを入れれば音が出る。

　ところで、電源トランスと出力トランスであるが、実際に段ボールアンプを解体したら外国製のものが入っていた。電源トランスはHammondの262E6、出力トランスはFenderのリバーブトランスの互換品のP-TF22921であった。かつてスウェーデンでトランス調達した時、日本から買えないので外国製を買ったかららしい。日本で作る時は、段ボール1球オーディオアンプの回路図にあるように、春日無線の電源トランス：B6S12WCDと出力トランス：OUT-41-357でいいと思う。

　先に最終回路図を図3に出しておくが、試作段階では、いろいろな不具合が出る状態だった。いずれにせよ定数を決めて、電源回路と出力トランス以外をスウェーデンの通販で購入した。いちばん高いトランス類抜きでも、送料と税金を入れて8000円ぐらいだった。やっぱり異国で電子工作をやると高くつく。

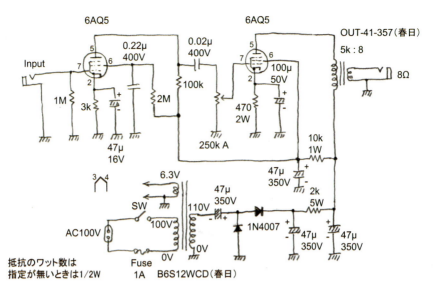

図3　6AQ5 - 6AQ5の最終回路図

■ 試作

　まずは試作である。ということで、適当なブレッドボードも無いので、そのへんの板の上にすべての部品を並べ、段ボールをタレットボード代わりに使って配線した。

　配線を終わってエレキとスピーカーボックスつないでコンセント入れて、あっさり鳴るだろうと思ったら鳴らない。電圧を測ってみると、初段のプレート電圧がほとんど0Vに近く、これじゃあ鳴らないはずだ。動作点がダメダメ。当初、グリッド抵抗に5MΩ入れてゼロバイアスしていたのだが、バイアスがまともに動作してないみたいなので、仕方ないんでゼロバイアスを止めて普通のカソードバイアスにした。それでもプレート電圧はあまり改善しない。

　それはこういうことのようだった。最初プレート抵抗に220kΩを入れていたのだが、パワー管の6AQ5ではプレート電流が流れすぎ、220kΩでの電圧降下が大きすぎるのである。仕方なく、220kΩを50kΩまで小さくしたら、ようやく40Vていど確保できるようになった。これでエレキをつなぐと一応音は出た。

　しかし、ギターのボリュームを上げると、今度はギュエー！とか言ってまともに鳴らない。このギュエーは順当に考えて発振である。簡単な回路だし、あんまり発振しそうな配線も無いんだがなあ、と思いつつ、あれこれいじっても一向に改善しない。エレキを抜いて、オーディオソースを入力に入れると、普通に鳴る。ということはアンプ本体で発振しているとも断定しがたい。困った困った。

結局、しばらくあれこれして、出力トランスの片側をグラウンドに落としていないことに気づいた。グラウンドに落とすとギュエーは全くなくなり、普通にギターの音が出た。2次側コイルが浮いていると回路のどこかと電気的な結合を起こして発振するのであろう。NFBを入れないタイプの僕は、ついスピーカーの片側をアースにつなぐのを忘れてしまう。ともかく、それで治った。実際、トランスの巻き線を回路本体から浮かすのは、どんなときでも要注意で、必ずどこか安定した電位（通常はグラウンド）に落とさないといけないのは基本なのである。みなさんもくれぐれもアースに落としてください。

　これでそこそこの音で鳴ったが、それでも全体にノイズは多めである。この家の電源事情と安エレキのせいもあるかもしれず、あるていどは仕方ないみたいだ。当然ながら回路部分が段ボール上でむき出しになっているのも問題である。これはやはり金属のシャーシに収めねば。段ボールにアルミフォイルでも貼ってシールドすればいい。この時点では図4の写真のごとくである。

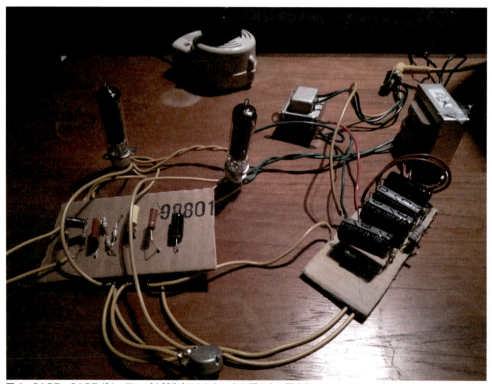

図4　6AQ5 - 6AQ5ギターアンプの試作（このあと、木の板の上に固定）

真空管ギターアンプの製作・解説・改造修理

紙と板で作ったボロボロのアンプだが、とはいえ、音は出るようになり、久しぶりのエレキギター、しかも、生々しいチューブアンプの音が嬉しくて、ノイズにも負けずにずいぶん長い時間楽しく弾いた。幸いスウェーデンで借りた家は一戸建てで、一人暮らしで、夜中であろうといくら爆音で鳴らしても大丈夫、というミュージシャン天国な場所だったのだ。

そんなわけで、かなり使える試作機なのだが、ギターのシングルコイルの時の音が若干物足りない。やはりゲイン不足なのである。初段のプレート抵抗を50kΩに落としてしまったので、だいぶゲインが落ちている。せめて100kΩぐらいにはしたい。ということで、スクリーン抵抗とカソード抵抗をいろいろいじって、プレート抵抗を100kΩでそこそこ追い込むことができたので、それでフィックスした。先に出したように図3が最終回路図である。

それにしても、最終的な音だが、これはなかなかイイ！ そのとき使っていたエレキはIbanezのビギナー用の1万5千円ぐらいのエレキギターで、ギターマイクのフロントとミドルがシングルコイルで、リアがハムバッカーなのであるが、このハムバッカーで出した音がいい感じで歪んでいて、だいぶカッコいい。シングルの音も、プレート抵抗を50kΩから100kΩに上げてゲインを2倍にしたらすごくいい感じのシングルらしい音になった。

やっぱり、チューブアンプに直の音って、いい。生々しい音で飾りがないので、弾くときの扱いは難しいのだけど、弾いていてすごく気持ちがいい。エレキとチューブとスピーカーの音がそのまま出ている、という感じが最高である。楽しいので毎日弾いていたっけ。

■ アンプの技術的所見

いい音で鳴っているので、このギターアンプ、文句はないのだが、まっとうな設計態度でいうと、だいぶ無理なことをしているのは確かである。僕は、電子工学上がりではあるのだが、あるとき理科系から離れてしまい、いまでは理系とまったく違う原理に基づいて行動している。年配のアンプビルダーの多くはまことにまっとうなエンジニア的な人も多く、こういうアンプを見せることを躊躇してしまったりする。なにせ、球の名前がカッコいいという動機で回路を作っているわけで、そこにはなんらの工学的知見も入っていない。

ということで、最後に、ちょっと正気に返って、工学的な見地からこのアンプを見直して反省しておこう。まず、6AQ5というパワー管を初段に使い、プレート電流1mAや2mAの領域で使おうというのに無理がある。特性表を見ると、パワー管なので特性グラフは10mA以上の特性が書かれており、当然そんな低いプレート電流で使うことは想定されていないことが分かる。おそらくgm*がかなり小さい変な領域で使っていることになっていると思う。初段の増幅率は、12AX7なら50程度だが、ここではそれよりけっこう小さいはずだ。しかも、初段の次がすぐにパワー管なので、ギターアンプとしては全体のゲインが不足している。

僕が真似したかったFender Champ初期の5C1やVoxヴィンテージのAC4などで、初段に5極管

---

gm　真空管の規格表に載っている数値としては、増幅率μと内部抵抗rpと並んで、相互コンダクタンスgmという定数がある。これら3つを真空管の3定数と呼んでいる。相互コンダクタンスというのは、プレート電流の変化をグリッド電圧の変化で割った値で、単位はS（シーメンス）である。電流を電圧で割るので、抵抗Ωの逆数になり、昔は、Ω(Ohm)をひっくり返してMho（モー）というおちゃめな名前の単位だったが、今はSである。これら、μ、rp、gmの3つには次の関係がある。
$\mu = rp \cdot gm$
真空管の規格表で、3つのうちの2つしか記述が無い場合でも、この式から残りの一つを計算することができるわけだ。この3つのうち、μとrpは3極管に、gmは5極管の動作によく使われる。一般にgmが大きいほど電圧増幅率は上がる。

23

を使っているが、あれは5極管で十分なゲインを初段で稼いでしまおうという意図なのであろう。したがってもちろん、6SJ7やEF86など通常の電圧増幅用の5極管を使っている。僕の場合はそこに、パワー管の6AQ5を使ってしまったせいでそうならない。したがって全体にゲインの小さいギターアンプになり、歪領域にぎりぎりかかるていどの、クリーンが優先なアンプになっている。

それから電源部で100Vをわざわざ倍圧整流して二百数十ボルトを作っているのには、特別な意味はない。ここは電源トランスに、200Vていどの2次巻き線があるものを使い、ブリッジ整流またはふつうに両波整流にした方がいい。ここでの倍圧整流は単波整流で、ハムの除去に弱く、同じ量のリップル除去用の電解コンデンサを使っても、両波整流に比べて残留リップルが倍になる。なので前述の通り両波整流などにした方がよいのである。ここで倍圧整流を使ったのは、当時、100V:100Vの絶縁トランスしか持ち合わせが無かった、というつまらぬ理由である。

ただし、ここでひとこと言わねばならないが、電子工学的に、こっちの方がいい、と判断するのは簡単なのだが、その変更によって音が変わるのも事実なのである。たとえば、リップル除去の電解コンデンサの値によってもギターの音色は変わる。たとえばこのコンデンサが小さいと、大きな音を出したとき電源電圧が変動しがちになり、ギターの出音が変わる。この場合、ふつうコンプレスがかかる。このミニアンプのパワー段のようなA級動作ではそれほど大きな影響は無いが、それでも変わるのは確かなのである。というわけで、このへんの事情はあまり電子工学にきれいに乗らないことは、押さえておいた方がいいと思う。

とにかく、以上、いくつか問題はあるものの、出て来る音はいいのである。真空管というのは、本当にすばらしいデバイスだと思う。もちろん、どんなシチュエーションでも使えるアンプでは決してないが、家で練習用として使うには完璧である。ちなみに、このとき使ったスピーカーは、地元の元家具屋の知り合いに、大きめの木のスピーカーボックスにJansenのスピーカを一発入れたキャビネットを作ってもらい、それを使っていた。

以下のサービスサイトに、このギターアンプを使った楽曲の演奏と、試作アンプの解説と試奏のムービーを載せておく。

https://rutles.co.jp/download/550/index.html

■ 可搬型ミニアンプへ

さて、スウェーデンで作ったこのアンプ、気に入ってしまったので、毎夏の帰省にも持って帰って、東京の家でもこれで弾いたり、あるいはライブに持ち込んだりしよう、と思った。そこで、バラックのまま東京へ運び、東京でアルミシャーシーを調達し、その中に組み込んだ。実は、いつもの習い性で、最初は、真空管2本を雛壇のようにシャーシーの上に並べた（図5）。これをとあるライブで使おうとライブバーへ持って行き、楽屋に置いておいたのだが、だれかが見事に真空管にな

にかをひっかけたらしく、一本は見るも無残に割れているし、もう一本もピンが激しく曲がってしまい、結局、そのときは使えなかった。

図5　失敗だったシャーシー雛壇式可搬アンプ

　この件で反省し、真空管はシャーシーの中に入れねばならぬ、と悟った。そうしてできたのが図6と図7の可搬型チューブミニアンプである。実際、真空管を中に入れるのはそう厄介ではない。当然、真空管は横向きの取り付けになる。真空管はそもそも縦で使うことが一般的だが、このように横にするときは、念のため、真空管のデータシートを見て「Mounting Position – Any　（取り付けはどんな方向でもOK）」という記述があるか確認した方がいい。僕はかつてプリ管をこのように横向きで使っていたら、長い時間の後、一本が熱で中身が変形し、中の機構がガラスに突き当たり、真空管自体が壊れてしまったことがあった。あと、図7の内部配線を見ると、右下のボリュームのところに結合コンデンサが空中配線になっていて両面テープで貼り付けてある。これは良くない。可搬型は持ち歩いて振動するのが当たり前なので、このコンデンサはラグ板をきちんと立てて、固定するべきである。あと、出力ジャックがひとつ増設され、これをLINE OUTあるいはエフェクトアウトとして使おうとしたらしく、その跡が残っている（実はすでにこのアンプは手元に無く、確認できない）。

図6　可搬型ギターアンプの最終外観

　これを作ろうと言う人の参考のために、部品表を表1に、実体配線図を図8に載せておいた。この通り作れば、可搬型アンプのできあがりである。僕は、これをスウェーデンと日本の行き来のとき毎回スーツケースに入れて運んでいた。ライブで使うときなどは、お店のスピーカーボックスだけ借りて、それにつなぐ。出力はたかだか2～3ワットなので、スピーカーにマイクを立ててもらい、PAから出すようにすれば、十分にライブ演奏でも使える。

図7　可搬型ギターアンプの内部配線

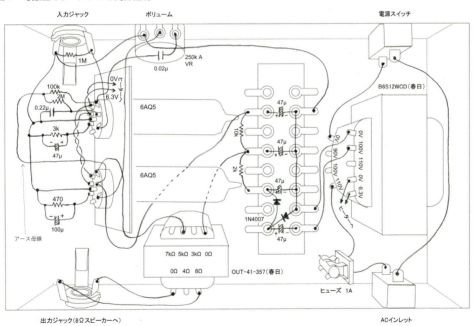

図8　可搬型アンプの実体配線図

表1　可搬型アンプの部品表

品名・型名	数量	備考
真空管　6AQ5	2	GE型番 JAN-6005W
シリコンダイオード　1N4007	2	1000V 1A
電源トランス　B6S12WCD 1次側：0-90V-100V-110V 2次側：0-100V-110V (76mA) 　　　　0-6.3V (1.2A)	1	春日無線変圧器
出力トランス　OUT-41-357 3k-5k-7kΩ (20mA)：0-4-8Ω シングル用、3W	1	春日無線変圧器
1MΩ　1/2W	1	カーボン抵抗
3kΩ　1/2W	1	〃
2MΩ　1/2W	1	〃
100kΩ　1/2W	1	〃
470Ω　2W	1	酸化金属皮膜抵抗
10kΩ　1W	1	酸化金属皮膜抵抗
2kΩ　5W	1	酸化金属皮膜抵抗
ボリューム　250kΩ A型	1	
コンデンサ　0.02μF 400V	1	フィルム
コンデンサ　0.22μF 400V	1	フィルム
電解コンデンサ　47μF　350V	4	
電解コンデンサ　47μF　16V	1	
電解コンデンサ　100μF　50V	1	
真空管ソケット MT7ピン	2	
モノ標準ジャック	2	
電源スイッチ	1	
ヒューズホルダー	1	
管ヒューズ　1A	1	
ACインレット	1	小型のメガネ形状のもの
ACケーブルプラグ付き	1	インレットに合うプラグ
ツマミ	1	
アルミシャーシー　200(W)×130(D)×60(H)	1	0.8mm厚
線材　ビニール線　0.5VSF および 0.3VSF	適量	
線材　スズメッキ線　0.5mm	適量	
ネジ（3×8mm、4×8mm）	適量	
スプリングワッシャー	適量	
線材　ビニール線　0.5VSF および 0.3VSF	適量	
線材　スズメッキ線　0.5mm	適量	
シールド線　1芯	適量	
熱収縮チューブ　7mm	適量	
ネジ（3×8mm、4×8mm）	適量	
スプリングワッシャー	適量	

I-3 0.2W級集合住宅用ギターアンプ

　本書の最初の製作例のミニチャンプのところでは、いくら集合住宅の一室で音が出せないといっても、やはり、Fender Champの、6V6GT、あるいはそれのMT管バージョンの6AQ5あたりのパワー管を使うのはギターアンプとして必須だろ、という独断にて設計・製作をした。結果、ミニチャンプといえども3Wは出るアンプになり、正直、自分でも家弾きしていてボリュームを1/4上げただけで、でかい音が気になっちゃうし、フルテンにしようものならナチュラル・ディストーションはカッコいいんだが、家じゃ無理、って感じになる。

　そこでパワーアッテネータの登場となるわけだが、アッテネータについては本書の2-2章（97ページ）に詳しいが、あれはしょせんは抵抗を使ってパワーダウンしているだけなのである。そこにも書いたが、アッテネータでパワーを落とすほど、パワー管の特性やスピーカーの特性による音の変化を殺す方向へ行き、せっかくの球の音が出なくなり、平坦な音になってしまうのである。やはりパワー管からトランス、そしてスピーカーと直につながないと、真空管アンプの醍醐味はちゃんと出ない。

　ということで、Champが最低限と語った前言を、勝手にあっさり撤回して、ここでは、ホントのホントに集合住宅で家弾きできるアンプということでChampの出力の約1/10の0.2Wぐらいのかなり小出力なギターアンプというものを作ってみようと思う。実はChampを持っている友人から、「家弾きはChampじゃやっぱ無理。1W以下のホントに家弾きできるチューブアンプが欲しい！」と言われたのもある。なので、需要は十分に、あると思う。

■ パワー段の設計

　実は、この0.2W級の真空管ギターアンプは、それなりに一部に流行っていたりして、アマチュアの人たちはけっこう作っているし、売り物もあるし、キットもあったりする。そして僕が見る限り、それら超ミニアンプのパワー管には、3極管を使うことが多い。ふつう電圧増幅に使う、たとえば12AU7とか、12BH7とか、はなはだしくは12AX7を終段のパワー管に使った超小出力チューブアンプ、といったものが多いのである。でも、これらで実際にエレキを弾いてみると、まるでピッグノーズで弾いたみたいな音で、ICのアンプが入ったオモチャみたいに小さな可愛いギターアンプがたくさんお店で売っているが、ちょうどあんなような音に聞こえる。別にわざわざ真空管を使うことは無いんじゃないかと思えるのである。これは僕自身も何度も、小さい3極管をパワー管に使うのを試しているんだが、やはりギターアンプのパワー段には3極管は合わないと思う。

感覚的にいうと、3極管はハイファイ過ぎてエレキギターに合わない感じがして、一方、5極管はちょっとお下品なギスギスした音がエレキっぽいのである。これは、おそらく、真空管の内部抵抗の大小によるんじゃないか、と僕はあたりを付けている。3極管は内部抵抗が小さく、ダンピング・ファクター（DF: Damping Factor）が大きめで、5極管は内部抵抗が高くDFは小さい。DFが小さいと、出音の大小はスピーカーの周波数特性に引きずられ、低音は、スピーカーの固有共振周波数でいきなり音がでかくなり、高音ではスピーカーのボイスコイルのインピーダンスによりやはり音がでかくなる。すなわち、低音と高音が強調され、それがエレキギターで、特にロックやブルースに合った音になるのだろうと、僕は思っている。あと、3極管は2次歪みで、5極管は3次歪みというのもあるかもしれない。5極管で歪むと波形の上限を等しくクリップしたような感じになるが、それがエレキギターに合っているのかもしれない。

　ということで、どんなに出力を小さくしたとしても、やっぱりパワー段は5極管だろ、ということになる。そこで電圧増幅用の5極管というものを探して、それを使おう、ということになる。そうなると選択肢は、その昔、ラジオやテレビで使われたラジオ管とかテレビ管とか言われる球が候補になる。探してみると高周波増幅回路で使われた球には、けっこうな種類がある。たとえば、6AU6、6BA6、6BD6あたりのラジオの中間周波増幅器に使われた球などである。テレビ管も入れればもっとたくさんある。前述の3つの球はいずれもMT管の7ピンで、しかもピンアサインが同じで互換もできる。ということで、ここではまずは6AU6を選んでみようと思う。

　さて、これで超小出力になるのか、というと、実はこれらの球は、本来は電圧増幅で使われるものの、そのままパワー管で使っちゃうと、けっこうでかい音になる。プレート損失が3.5Wもあるし、5極管はパワー段に使うと3極管よりぜんぜん効率がいいので、けっこうすぐに1Wぐらい行ってしまうのである。自分も、この6AU6を、ミニチャンプの6AQ5の代わりに挿して、配線を若干変えて鳴らしてみたのだが、十分でかい音がする。これじゃ家弾きできないじゃん、という感じなのである。

　というわけで、ここでは電源電圧を通常の二百数十ボルトから百数十ボルトていどまで落として使うことにする。そうするとだいたい0.2Wぐらいになるはずだ。B電圧100Vの駆動は、規格表の代表的動作例として書かれていて、少しもヘンじゃない。

■ プリ段の設計

　次はプリアンプ段だが、Champと同じように12AX7をひとつ使ってワンボリュームのアンプにしてもいいのだが、それではなんだか芸が無い。それに、真空管のパーソネルにこだわる自分として、どうも6AU6に12AX7を組み合わせる気がしないのである。せっかくラジオ管の7ピンの6AU6を選んだのだから、プリ管もそのノリで行きたい。ということで、ここでは同じくラジオ管の6AV6を使うことにした。12AX7と同じく$\mu=100$の高ミューの球で、7ピンの小さなMT管で、ただし

12AX7と違い一本で3極管一つである。

　現在オークションなどを見ると、どうやらラジオ管やテレビ管は在庫が余っているようで、最安だと一本300円ぐらいで流通していて、その点でも経済的だし、当分なくなることもなさそうだ。ちなみに、現在まだ生産されている真空管は、ギターアンプ用、および一部のハイエンドオーディオ用が主なもので、星の数ほどある真空管の管種に対して、ごくごくわずかな種類しか作られていない。生産国はロシア、中国、スロバキアなどで、こちらもここ最近、供給が不安定で、今後の真空管生産がどうなるか分からない状況である。その点、ラジオ管やテレビ管などはまだ日本国内でも使い回しで流通していて、しばらくは遊んでいられるだろう。

　それからプリ段の回路だが、Champとちょっと差別化を図るために、トーンコントロールを付ける。それから、ゲインとマスターボリュームを備え、プリ段で歪コントロールできるようにすることにした。0.2Wのくせに相応に豪勢にしようという魂胆である。トーンコントロールは通常のTreble、Middle、Bassではなく、ワンノブトーンという回路を採用する。これは、ひとつのツマミで、真ん中にすると周波数特性がフラット、そして左に回すとトレブル減衰でモコモコに、右に回すとベース減衰でキンキンに、という動作をする。左に回してジャズ、右に回してロックンロール、真ん中でブルース、という感じで、手軽でとても便利なすぐれものである。この回路は、通常のTreble、Middle、Bassトーンと同じく、トーン回路を挿入するだけで信号がおよそ1/3に減衰する。減衰量は小さいが、それを補うため、電圧増幅回路をひとつ余計に入れた方がいい。

　以上のことから最終的な回路図は図1のようになった。6AV6が3本になってしまい、結果的に4球と真空管が多いが、7ピンのMT管で小さいのでコンパクトにまとまると思う。

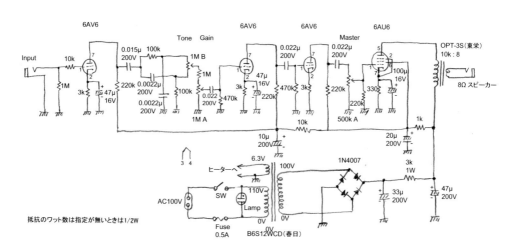

図1　0.2W級集合住宅用ギターアンプの回路図

■ 製作

　言ってみればオーソドックスなギターアンプ回路なので（見る人が見れば、え、ナニコレと言うだろうが）、部品の選定で厄介なことは無く、トランスに何を使うかぐらいであろう。まず、電源トランスである。スペックとしては、プリ段とパワー段に供給するB電圧の電流は10mAていどで小さい。あとヒーターは4球合わせて1.2Aである。2次側が100Vのトランスはなかなか無いのだが、春日無線変圧器で見つかった。型番はB6S12WCDで、仕様は以下である。

　　1次側：0V-90V-100V-110V
　　2次側：0V-100V-110V AC 120mA DC 76mA MAX
　　0V-6.3V AC1.2A MAX

　ヒーター巻き線の最大が1.2Aなので少し心配だが、ぎりぎりOKであろう。また、1次側にも2次側にもいくつかタップがあって、これを組み合わせると2次側の電圧をおよそ90Vから120Vまで変えられるので、出力の大きさを見ながら試すことができる。
　次に出力トランスだが、6AU6のロードラインを引くと、だいたい1次側が10kから20kていどが良さそうで、今回は東栄トランスのOPT-3Sにした。仕様は以下である。

　　1次側：B-7KΩ-10KΩ、2次側：4Ω-8Ω
　　出力：　3W/100Hz
　　1次許容量DC電流：　50mA（7kΩ）、40mA（10kΩ）

　この出力トランスの選定は、音にだいぶ影響する。単純に言うと、だいたい、大きくて重くて値段が高いほどいい音がする傾向がある。小出力アンプだとついつい、パワーが小さいせいで小さいトランスを選んでしまうものだが、ただでさえ小さい音なので、小さいトランスで音が痩せてしまう恐れがある。以上の現象は、今のところ経験的なもので、明快な電気的説明はできないのだが、ここでは、普通サイズの出力トランスを選んだ。東栄トランスのシングル用アウトプットトランスのラインナップを見ると、だいたい5段階ぐらいあって、大きさ、重さ、値段が徐々に上がって行く。現時点で、一個で1500円から2万円超えの差がある。今回はその真ん中あたりのものを選んだのである。本当は、いちど、不釣り合いなほど大きい出力トランスを載せて試してみたいものだが、それはまた別プロジェクトですることにしよう。あるいはここで、Fender Champの出力トランスを載せるのもいいかもしれない。
　トランスが決まってしまえばあとは特別なものはない。表1が部品表である。製作は今回は、ヘッドアンプ型で、真空管はふつうに縦置きである。図2が外観、図3が内部配線の様子である。

表1　0.2W級集合住宅用ギターアンプの部品表

品名・型名	数　量	備　考
真空管　6AV6	3	
真空管　6AU6	1	6BA6、6BD6でもOK
シリコンダイオード　1N4007	4	1000V 1A
電源トランス　B6S12WCD 1次側：0-90V-100V-110V 2次側：0-100V-110V (76mA) 　　　　0-6.3V (1.2A)	1	春日無線変圧器
出力トランス　OPT-3S 7K-10K (40mA)：4-8Ω または 14K-20K (40mA)：8-16Ω シングル用、3W	1	東栄変成器
1MΩ　1/2W	2	カーボン抵抗
10kΩ　1/2W	2	〃
3kΩ　1/2W	3	〃
220kΩ　1/2W	4	〃
100kΩ　1/2W	2	〃
470kΩ　1/2W	1	〃
300Ω　1/2W	1	〃
1kΩ　1/2W	1	〃
3kΩ　1W	1	酸化金属皮膜抵抗
ボリューム　1MΩ B型	1	
ボリューム　1MΩ A型	1	
ボリューム　500kΩ A型	1	
コンデンサ　0.022μF　200V	3	フィルム
コンデンサ　0.015μF　200V	1	フィルム
コンデンサ　0.0022μF　200V	2	フィルム
電解コンデンサ　47μF　200V	1	
電解コンデンサ　33μF　200V	1	
電解コンデンサ　20μF　200V	1	
電解コンデンサ　10μF　200V	1	
真空管ソケットMT7ピン	4	
モノ標準ジャック	2	
電源スイッチ	1	
ヒューズホルダー	1	
管ヒューズ　1A	1	
パイロットランプ（100V用）	1	
ACインレット	1	小型のメガネ形状のもの
ACケーブルプラグ付き	1	インレットに合うプラグ
ツマミ	3	
平ラグ板　8P	1	
立ラグ板　7P	2	

立ラグ板　3P	1	
アルミシャーシー　250(W)×150(D)×60(H)	1	リードP-12（0.8mm厚）
線材　ビニール線　0.5VSF および 0.3VSF	適量	
線材　スズメッキ線　0.5mm	適量	
シールド線　1芯	適量	
熱収縮チューブ　7mm	適量	
ネジ（3×8mm、4×8mm）	適量	
スプリングワッシャー	適量	

図2　本機の外観

　内部配線は、今回はオーディオアンプっぽい感じにした。図4が配線図である。真空管ソケットの上にアース母線を一本張って、そこに部品を通してアースに落としていくやり方である。で、プレート抵抗のようなB電源へ向かう配線についてはラグ板を使う。アースをシャーシーへ落とすグラウンディングは入力ジャックのところの一点アースで、これもオーディオっぽい。

真空管ギターアンプの製作・解説・改造修理

図3　本機の内部配線

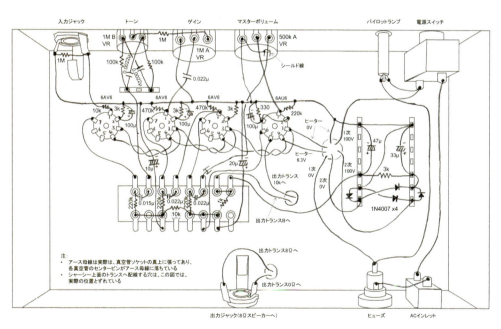

図4　0.2W級集合住宅用ギターアンプの実体配線図

35

ちなみに、昭和のころの真空管アンプは、アース母線も使わず、縦ラグ板を随所に立て、アースはどこかでシャーシーへ一点で落とすのだが、配線は引き回しで、かなり高度な経験がないとなかなか難しい配線パターンが多かった。一方、ラジオやテレビなど高周波を扱うものは、複数個所でシャーシーにアースを落とすやり方であった。

　一方、ハンド・ワイヤリングの真空管ギターアンプで多用されるタレットボードは、日本が昭和のころにすでに Fender 社のギターアンプに最初から使われていて、プリント基板になるまでずっとそれである。本書では、例えばミニチャンプが、タレットボード代わりに平ラグ板を使ってこのスタイルで配線している。このやり方は大変見通しがよく、優れていると思う。あと、Fender Champ のグラウンディングは必ずしも一点アースではなく、メタルプレートへ随時落としたり、シャーシーに直接落としたり、いろいろである。

　それで、今回のこのアンプについては、あえて配線を昭和後期のオーディオアンプっぽくしてみた。デモンストレーション的な意図もあるが、このやり方は、シャーシー内部で場所を取るタレットボードあるいは平ラグが無く、シャーシー上面での真空管やトランスの位置を自由に決められる。その結果、見た目にカッコいい配置にできる、という理由が一番大きい。

■ トラブル発生！

　当初の回路図どおり組み上げ、音はあっさりと出たのだが、ノイズがひどい。まず、なにもしない状態で、けっこう大きなクラッキングノイズあるいはポップノイズが出る。つまり、「パチ　パチパチ」あるいは「ビリ　ビリビリ」みたいなノイズがわりと頻度高く入る。調べると2段目で出ているようだが、原因がなかなか分からなかった。いろいろやって、結局、220kΩのプレート抵抗の不良だったことが判明した。某店で買った普及品のただの1/2Wのカーボン抵抗なのだが、こういうことがあるのだ。おそらく抵抗内部でアーク放電を起こしている感じに思えた。やはり、少なくともプレート抵抗は何にしてもトラブルが多いので、カーボンではなく、もっと信頼性の高い金属皮膜抵抗を買うべきだと思った。

　次のトラブルはGAINのツマミを回すとザザザザとかなり大きくガリのようなものが入ることだった。ポット*のガリと思い、別の新品に付け替えても、ノイズの大きさはぜんぜん変わらない。オシロでポットの出口と2段目のグリッドに直結している部分を見ると、ポットを回している時だけけっこうな電圧がグリッドに出ている。この現象の原因は浅学にして僕には分からないが、ポットに直流電圧がかかれば、カーボン・ポットの抵抗変化のわずかな不均一が信号となってグリッドに入り、ザザザザというノイズが入るのはうなずける。今のところ、ポットと真空管の間に結合コンデンサを入れて問題回避し、ポットを回したときのノイズは無くなった。

　まだある。このままだとけっこうハムノイズが大きい。そこでグリッドへ向かう線をシールド線にした。ノイズは減りはしたが、それでもノイズはわりと大きめである。電源回路のフィルタ・コ

ポット　Pot（Potentiometer）日本ではボリュームと呼ぶが、音量調整のVolumeと混同するので本書ではポットを使う。

ンデンサの不足かと思い、大きな容量の電解コンデンサをパラ付けしてみたが変わらない。フィルタ・コンデンサの容量はこのままでOKのようだ。結局、グリッドに直列に抵抗を入れたり、全体ゲインを、歪が十分に出るていどに少し落とす、などしてノイズ対策した。ひょっとすると6AV6というラジオ管のノイズがそもそも大きいかもしれない。もっとも、現状で、ギターを弾いてしまえばノイズは分からないレベルである。しかし、集合住宅の静かな夜に自宅でエレキを奏でたい、などというときは弾いていない時のノイズは気になるものだ。やはり、12AX7のようなギターアンプ・プリ管の定番を使うべきなのかもしれない。

以上のような作業を経て出来上がったのが図1の最終回路である。図5に各部の電圧の実測値を載せておく。

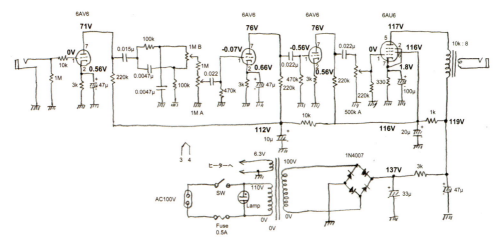

図5　各部の電圧の実測値

■ 試奏

ノイズ多めと書いたが、実際の環境で弾いてみて検証した。サービスサイトに解説動画を上げておく。ギターは74年ムスタングおよび、グヤトーンのビザールギターLG-65Tである。わが家も集合住宅だが、今回、夜の8時ごろにこのアンプでギターを弾いてみた。GAINが12時で軽いオーバードライブ、MASTERが9時弱で、夜でも弾ける音量になる。夜の8時は部屋の中はかなり静かだが、このようにGAINを落としたセッティングだと、ノイズはほとんど気にならず、ほっとした。

しかし自分で言うのもなんだが、このアンプは弾いててすごく楽しくて、1時間ぐらい弾きまくってしまった。0.2Wという集合住宅に優しい音量で、クリーンから歪までいろんな音が出る。ワン

ノブトーンで、ジャズにしたりブルースにしたりロックンロールにしたりして弾くのも楽しい。出て来る音は、小出力アンプにありがちな痩せたピーピーした音ではなく、堂々としたチューブアンプの音が、家屋にちょうどいい音量で出て来て、なかなかに満足度が高いと思う。

　そういえば、実は、ミニアンプを作る前に、既製品のミニアンプをお店で試奏しながら調査していたときがあった。アンプの名前は伏せるが、誰もが知るとある有名メーカーが出した小型チューブアンプがあったので試奏してみたことがある。しかしそれが、またひどい音で、ちょっと唖然としてしまった。クリーンの音やナチュラル・ディストーションの音は奥へ引っ込んでしまってはっきりした音がせず、使えるのは過度に歪ませたメタル系トーンだけだった。

　そういえばそのとき、大昔に例のエリック・クラプトンが開発したウーマン・トーンというのをやってみた。アンプのトレブルを絞り切り、ゲインを上げて十分に歪ませた音をウーマン・トーンと呼ぶのである。これをフルチューブアンプですると、独特に歪んだ素晴らしい音がする。ところが、この有名アンプでそれをすると、ほとんど音にならず、それも驚いた。このアンプ、たしかに真空管は使っているものの、半導体とハイブリッドだったらしく、その組み合わせ方がうまく行っていないんだろう。

　で、このわが集合住宅用アンプであるが、ウーマン・トーンは完璧に出る。フルチューブなので当然といえば当然だが、こういうナチュラルな歪傾向というのは、捨てがたいものがある。というわけで、集合住宅住まいの方に、このアンプ、強くお勧めする。

I-4 リバーブマシン

　Fenderのギターアンプの変遷はネットに詳しく、すべてのモデルとその回路図を追えるようになっている。まさにギターアンプの歴史そのものである。で、それを見てみると、その中にひとつだけ異色なのがある。それがFender Reverb Model 6G15というスプリング・リバーブ・マシンである。入力にエレキギターをつなぐと、出力からリバーブのかかった音が出て来るので、それをギターアンプにつなげばリバーブのかかったエレキサウンドが得られる。YouTubeでデモなどを見ると、かなり美しいリバーブが付与されていて、なんだか欲しくなるアイテムである。

　Fenderはなんでこれを作ったのかといえば、歴史的に言って、リバーブを内蔵したアンプより先にこのリバーブマシンをリリースしていて、最初はこのリバーブマシンとアンプでリバーブサウンドを作っていたようだ。このスタンドアローンのリバーブマシンが登場するのが1961年。そして2年後の1963年にDeluxe ReverbやVibroverbなど、リバーブを最初から内蔵したギターアンプが作られる。以来、リバーブ内蔵は全部ではないがFenderアンプの定番になる。この1961年に出たスタンドアローンのリバーブマシンは、それまでのリバーブのないアンプに向けて作ったわけだったらしい。今で言えば、リバーブ・エフェクターをフルチューブで作ったようなものである。最初のリリースが6G15という回路で、1961年なのでだいぶ古いヴィンテージである。そして、その後、2回に渡ってリイシューしていて、それなりに需要はあったようだ。調べてみると現在、1961年のヴィンテージものは40万円ぐらいして激しく高い。

　そこでここではこれを自作してみようというわけである。ヴィンテージの6G15の回路をそのままデッドコピーしてもいいのだが、ここでは原理を追う中で、いくらかの変更をかけて、もうちょっと現代的なものにしようと思う。

■ 原理

　まず、オリジナルの6G15の回路図は図1のとおりである。なかなか分かりやすく書かれた回路だが、いちおう系統図的に説明したのが図2である。まず、入力は上側のリバーブ残響を作る回路と、下側のバッファの二つに分かれる。上側の方を説明すると、まず、入力信号を2段のプリアンプで増幅し、パワー管で電力増幅して、それでリバーブタンクを励振する。2段のプリアンプにはDWELLと呼ばれるゲインコントロールが付いていて、リバーブタンクの励振の程度を変えられる。そして、リバーブタンクの出力からは残響信号が出て来るので、これを1段増幅し、トーンを経てミックスへ入る。一方下側では1段のカソードフォロアで入力信号をバッファして、ミックスへ入

る。そして、現信号（ドライという）と、残響信号（ウェットという）が1個のボリュームでミックスされて出力になる、とこういうわけだ。

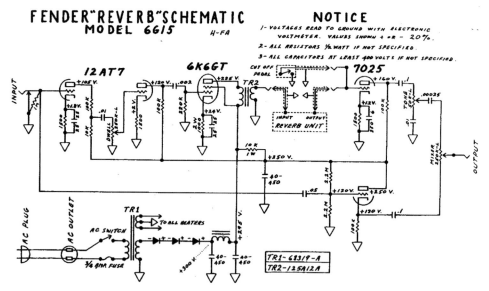

図1　Fender Reverb Model 6G15の回路図

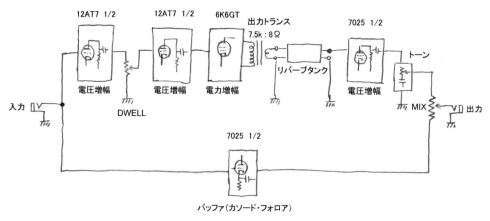

図2　Fender Reverb Model 6G15の系統図

さて、それでは回路をよく見てみよう。まず上側の系統だが、プリ段は2段で、12AT7が使われている。12AT7は μ =60で、よく使われる12AX7（μ =100）に比べてプリ段の増幅率を意図的に落としているのが分かる。そして、DWELLに入る前に、一段目のプレートで10kΩと100kΩが直列に入っていて、そこから信号を取り出している。これは、10kと100kΩで初段の信号を分圧して落としているのである。ここでおよそ1/10にゲインが落ちる（正確には10/(10+100)=0.091）。さらに2段目のカソード抵抗にはバイパスコンデンサが入っておらず、そのせいでここでもゲインが落ちる。なぜ、こんなに一生懸命ゲインを落としているかというと、リバーブタンクを励振するには信号が歪んでいては困るわけで、つまり「クリーントーン」じゃないといけなくて、そのせいである。

プリ段で増幅された信号がパワー段に加えられるが、これは一般的なシングルのパワーアンプである。使っている真空管は今ではあまりポピュラーでない6K6GTで、これは6V6GTのパワーを半分にした真空管である。6K6GTの出力パワーは、規格表を見ると、だいたい3Wぐらいになっている。リバーブタンクの励振にどれぐらいのパワーが必要かは、もちろんタンクの種類によって変わるわけだが、それは後述する。

リバーブタンクからの出力は、7025という12AX7の高信頼管が使われていて、ごく普通の電圧増幅回路を出てトーンコントロール（高域を落とすタイプのトーン）を経てポットでのミックスに入る。一方、現信号（ドライ）は7025の片側を使った、2.2MΩを二本使った固定バイアスのカソードフォロアでバッファされ、ポットのミックスへ入る。

以上が回路解説だが、先に進む前に、まずはリバーブタンクについてちょっと詳しく立ち入ってみよう。

■ リバーブタンクについて

今回、リバーブマシンを作るにあたって、外国のサイトを漁ってリバーブタンクについて調べてみたので、ここでそれを要約して解説しよう。ちなみにスプリングリバーブのみの話である。

リバーブタンクはいろいろなアンプに付いているし、いろんなところで作っているはずであるが、単独で買えるものとしてはAccutronicsのスプリングリバーブが何と言っても有名である。これは、Fenderのアンプが初めてリバーブを備えるようになったころ、そのリバーブタンクを作って提供した会社のひとつなのである。それから80年以上も経ちAccutronicsはもうリバーブタンクは作っておらず、いろいろな経緯を経て、いまではAccuBell Sound　（Accutronics & Beltonから取った名前らしい）という会社が、昔ながらのAccutronicsのリバーブタンクを今も製造販売しているようである。

今回僕が買ったリバーブタンクは、このAccuBell Sound製Accutronicsの4AB3C1Bというもので、この数字とアルファベットの並びは、リバーブタンクの仕様を表している。それが表1である。

表1 Accutronics(AccuBell Sound)製リバーブタンクの仕様

1桁目 - リバーブ・タイプ	4 = Type 4：2スプリング、長さ：42.55cm 幅：11.11cm 高さ：3.335cm
	8 = Type 8：3スプリング、長さ：23.50cm 幅：8.573cm 高さ：3.335cm
	9 = Type 9：3スプリング、長さ：42.55cm 幅：11.11cm 高さ：3.335cm
2桁目 - 入力インピーダンス	A = 8Ω (White)
	B = 150Ω (Black)
	C = 200Ω (Violet)
	D = 250Ω (Brown)
	E = 600Ω (Orange)
	F = 1,475Ω (Red)
3桁目 - 出力インピーダンス	A = 500Ω (Green)
	B = 2,250Ω (Red)
	C = 10,000Ω (Yellow)
4桁目 – 減衰時間	1 = ショート (1.2 to 2.0 秒)
	2 = ミディアム (1.75 to 3.0 秒)
	3 = ロング (2.75 to 4.0 秒)
5桁目 – コネクター	A = 入力接地 / 出力接地
	B = 入力接地 / 出力絶縁
	C = 入力絶縁 / 出力接地
	D = 入力絶縁 / 出力絶縁
	E = 外部チャネル無し
6桁目 - ロック機構	1 = ロック無し
7桁目 – 取付位置	A = 水平, 開口面が上
	B = 水平, 開口面が下
	C = 垂直, コネクタ側が上
	D = 垂直, コネクタ側が下
	E = On End, Input Up
	F = On End, Output Up

　表1でリバーブ・タイプのところにはタイプ4、8、9しか載せていないが、これ以外にももちろんある。しかし、年代とかであれこれ変わり、しかも調べてもはっきりスペックが分からなかったりするので、ここではAccutronics製で代表的なものを限定して載せている。なお、たとえば、タイプ4とタイプ9でスプリング数がそれぞれ2本、3本になっているが、これは実際にはその倍の4本、6本である。正巻きと逆巻きの二つのスプリングが途中で接続されて一本になっているのである。各々のスプリングの長さもいろいろ変えていて、このへんは、完全なノウハウに属するのであろう。

　今回のリバーブタンク4AB3C1Bは、それではどうなるかというと、図3の通りである。タイプ4の2スプリング、入力インピーダンス8Ω、出力インピーダンス2.25kΩ、減衰時間ロング、取り付けは開口面が下向き、である。

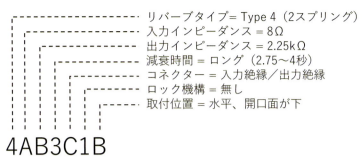

図3　今回使用したリバーブタンク4AB3C1Bの仕様

■ 設計

　リバーブタンクの励振にどれぐらいのパワーが必要かは、いろいろ調べてだいたい分かったのだが、実はそれほどはっきりしない。オリジナルのAccutronicsの古い資料にはそれなりに書いてあるらしいが、そこではアクチュエータ（スプリングを励振する部品）に流す適正な電流値が書かれているだけらしい。例で言うと、今回のタンクのように8Ωのアクチュエータの場合、およそ28mAていどになるようである。ちなみに、アクチュエータのインピーダンスの8Ωは1kHzのときの値である。8Ωに28mAを流すときに必要な電力は次のようにすぐに計算できる。

$$P = R \times I^2 = 8 \times 0.028^2 = 6\,\text{mW}$$

　この6mWというのはいかにも小さい電力である。Fenderの元回路のように6K6GTで最大3Wなんかで駆動したら（なんと適性値の500倍）、下手してアクチュエータを壊すんじゃないか、というレベルである。実際、リバーブタンクのアクチュエータを見てみるととても小さくて、そんなに大電力に耐えられるように見えない。

　それから、リバーブタンクを励振するときは、加える信号はなるべく元信号に忠実なHiFiであるべきだと思う。過大電力で信号そのものが歪んだり、アクチュエータのコイルが飽和してしまったりすると、スプリングを伝わる音は歪んでしまい、あまりいい音にならない。

　以上により、リバーブタンクを過度な電力で駆動するのは止め、これもサイトを漁るとだいたい出ているように、最大でも100mW（0.1W）ていどを目安にすればいいのではないか、と考えられる。しかし、いずれにせよ、机上の検討はここまでで、あとは実際に仮組みしてみて、どれぐらいの大きさの信号を突っ込んだらいいかを検討する必要がある。

というわけで、仮組みして試行錯誤してみた。結果から言うと、0.1W ぐらいで駆動していい感じのリバーブがかかることは確かである。しかし、推奨とされている 6mW ではさすがに励振が不足しているようで、逆に、ピックアップからの信号出力が小さ過ぎ、7025 の一段増幅では間に合わないように思える。では最大 0.1W で十分かというと、それもビーチ・ボーイズやベンチャーズでもやろうか、というときちょっと物足りない。いろいろ試すと、最大パワーを 1W ぐらいにして、DWELL を回し切ったときにちょっと過度にスプリングを励振するぐらいの、幅のある感じがよさそうだ。

そういうわけで、設計の結果を言うと、12AT7 の代わりに 12AU7 を使い、抵抗分圧なしで増幅率を落とす。この 2 段増幅で、12AT7 の元回路のときよりいくらか増幅率が落ちる程度である。それからパワー管は、図体が大きく希少な 6K6GT の代わりに 6AQ5 にした。6AQ5 は 6V6GT 相当のMT 管だが、これを今回は 3 極管接続にしてパワーを落とす。これで、だいたい最大出力が 1W ていどになる。また、負帰還（NFB）をかけることも考えたが、リバーブの音質的にそれほど変化もないし、止めた。

リバーブ駆動のための出力トランスだが、これは 5kΩ:8Ω でよい。出力は 1W 強、1 次側に流れる電流は 20mA ていどなので、ここでは東栄トランスの T-850（2Wmax / DC20mA）というものを使った。

励振回路以外の元回路 6G15 からの変更点は、電源だけである。単波整流をブリッジ整流に替え、両波整流にしたこと。チョーク*の代わりに手軽な抵抗を使ったことである。両波整流にしたことでハムは半分に減り、チョークを使わず抵抗でも良いとの判断と、全体に B 電圧が下がっても動作にそれほど支障が無いとの判断である。これがギターアンプだと、B 電圧の低下は出力パワー減になるので問題だが、このリバーブマシンは結局はエフェクターなので、そういう心配はない。むしろ、6AQ5 を 3 極管接続してもまだ出力はいくらか過剰で、それを抑えるため、この 3kΩ の抵抗でさらに B 電源の電圧を下げるという意味もある。電源トランスは、東栄トランスの P-35B である。230V/35mA の単電源で、6.3V/2A のヒーター巻き線もある。5V/0.5A のヒーター巻き線もあるが今回は使わない。

最終回路図は図 4 の通りである。

■ 製作

まず、完成した本機の外観は図 5、内部配線は図 6 である。シャーシーには今回は、リードのP-12 という 25×15×6 (cm) のものを使った。この回路規模だと少し小さ目なので、もうちょっと大きなものでゆったり作った方がいいかもしれない。Fender オリジナルの 6G15 のシャーシーはおよそ、39×10×7 (cm) で、幅がだいぶ長い。さらにオリジナルでは図のようにシャーシーを縦に使って、真空管を下向きに取り付けていて、本機より場所をたくさん使っている。逆に言うと、

44　チョーク　チョークコイル。直流に対しては抵抗が小さく、交流に対しては大きな抵抗を持っている。

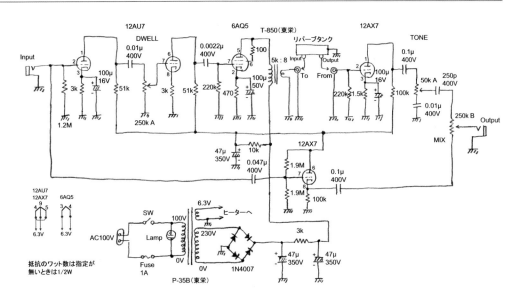

図4 本機リバーブマシンの最終回路図

　本機の真空管取り付けをオリジナルと同じに下向きに取り付けて同じような配線をすればオリジナルと同じになる。そうすれば、キャビネットへの取り付けも同じ風になり、そういう方法を取ってもよい。
　それから、今回、入力と出力のジャックに並列にRCAジャックを付けている。これは、このリバーブマシンを、オーディオ用途としてミキシングのエフェクトなどに使いたいがためである。ミキシングにスプリングリバーブを使うのはだいぶ変なのだが、実際に自分の演奏の録音にかけてみたら、いい感じのアナログ感満載なリバーブ効果が得られたので、捨てたものではないと思う。
　配線は平ラグ板を使った。実体図は図7で、部品表は表1である。今回はシャーシーが小さかったので、見ての通り、電源回路が混みあって平ラグの上に載っている。ひとつ注意しないといけないのが、電解コンデンサは熱によって寿命が短くなるので、熱からは遠ざけた方がいい、ということである。電解コンデンサが周囲温度の上昇により寿命が短くなるのは、電解コンデンサのメーカーの情報でもグラフと式で明確に述べられていて、これはそういう部品なのである。というわけで、電解コンデンサの配置には気を付けて、熱を出す部品からはなるべく遠ざけた方がいい。

図5 本機の外観

図6 本機の内部配線

46

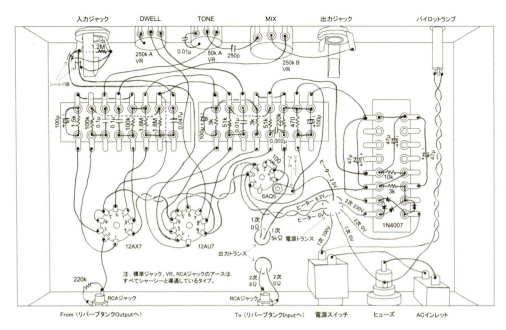

図7 本機の実体配線図

　今回のこの回路で一番多く熱を発生する部品は、外側に出ている真空管を除くと、電源回路の3kΩ 5Wの抵抗である。計算するとおよそ2Wの熱量を常に放出する。電源コンデンサからは離すべきだが、混み合っているせいでそれほど離れていない。ここは、抵抗の周りのシャーシーに放熱の穴を開けて熱を逃がすべきだろう。真空管もピンを通して内部回路に熱を放出するので、本当は真空管の周りにも放熱穴を開けた方がいい。

■ 測定と結果

　出来上がった本機の各部の電圧を図8に書いておいた。表示の電圧から±10%から±20%以上ずれているときは、なんらかの異常を疑った方がよく、周辺回路を調べてみよう。カラーコード抵抗の付け間違えなど、よくあることである。僕はハンダ付けする前にいちいちテスターで抵抗値を確認している。

表1　本機の部品表

品名・型名	数量	備考
真空管　12AU7	1	
真空管　12AX7	1	
真空管　6AQ5	1	
シリコンダイオード　1N4007	4	1000V 1A
電源トランス　P-35B 1次側：0-90V-100V 2次側：0-230V (35mA) 　　　　0-2.5V-6.3V (2A) 　　　　0-5V (0.5A)	1	東栄変成器
出力トランス　T-850/7k 0-3K-5K-7KΩ (20mA)：4-8Ω シングル用、2W	1	東栄変成器
1.2MΩ　1/2W	1	カーボン抵抗
3kΩ　1/2W	2	〃
51kΩ　1/2W	2	〃
220kΩ　1/2W	2	〃
470Ω　1/2W	1	〃
100Ω　1/2W	1	〃
1.5kΩ　1/2W	1	〃
100kΩ　1/2W	2	〃
1.9MΩ　1/2W	2	〃
10kΩ　1/2W	1	〃
3kΩ　5W	1	酸化金属被膜抵抗
ボリューム　1MΩ B型	1	
ボリューム　1MΩ A型	1	
ボリューム　500kΩ A型	1	
コンデンサ　0.01μF　400V	2	フィルム
コンデンサ　0.0022μF　400V	1	フィルム
コンデンサ　0.1μF　400V	2	フィルム
コンデンサ　0.047μF　400V	1	フィルム
コンデンサ　250pF　400V	1	シルバーマイカ
電解コンデンサ　47μF　350V	3	
電解コンデンサ　100μF　16V	2	
電解コンデンサ　100μF　50V	1	
真空管ソケットMT9ピン	2	
真空管ソケットMT7ピン	1	
モノ標準ジャック	2	
RCAジャック	2	
電源スイッチ	1	
ヒューズホルダー	1	
管ヒューズ　1A	1	
パイロットランプ（100V用）	1	

ACインレット	1	小型のメガネ形状のもの
ACケーブルプラグ付き	1	インレットに合うプラグ
ツマミ	3	
平ラグ板　8P	3	
アルミシャーシー　250(W)×150(D)×60(H)	1	リードP-12（0.8mm厚）
線材　ビニール線　0.5VSFおよび0.3VSF	適量	
線材　スズメッキ線　0.5mm	適量	
シールド線　1芯	適量	
熱収縮チューブ　7mm	適量	
ネジ（3×8mm、4×8mm）	適量	
スプリングワッシャー	適量	

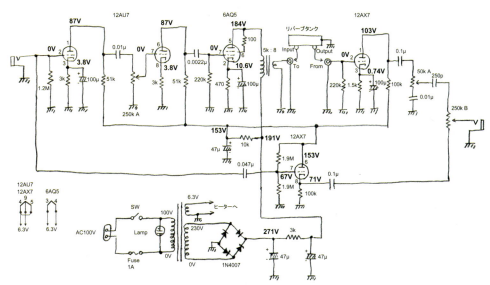

図8　各部の電圧の実測値

　リバーブタンクを励振している6AQ5のパワーを測定してみた。無歪で0.5W、あるていどの歪許容で1Wていどの出力で、設計意図通りだった。それから、本機の「To reverb」のリバーブタンクを励振する出力をリバーブタンクから外し、それを直接オーディオアンプに通して聞いてみた。つまり、リバーブを励振するギターアンプはどのような音か、ということである。設計方針としてはリバーブ駆動はクリーントーンが望ましい、ということだった。シングルコイルのムスタングで実際やってみると、見事にクリーントーンなギターアンプになっていて、これも思惑どおりであった。
　肝心の音だが、とてもきれいでピュアなリバーブサウンドが出た。ただ、DWELLを最高に上げ

て、ギターをジャーンと弾くと、残響に歪みのようなものが乗る。上述のように励振信号はクリーンなので、おそらく、これがリバーブタンクのアクチュエータの過励振によるものだろうと思われる。そもそも設計段階で、Accutronicsのリバーブタンクの過励振があまり起こらないようにパワーを下げているけれど、それでも起こるのであろう。弾いた感じでは、DWELLを半分ぐらいに下げ、あとはMIXでリバーブ量を調整すると、とてもきれいで気持ちのいいリバーブがかかる。

　しかし、やはりアナログのリバーブというのは、デジタルとそこはかなく違う。僕は、デジタルリバーブで定評のあるHOF miniを持っているが、このデジタルリバーブも素晴らしくきれいなリバーブサウンドが出る。しかし、本機のアナログスプリングリバーブは、きれいなだけでなく、その上に、いくらかの雑味というか人間臭さというか、そういうものがプラスされて聞こえる。極端に言っちゃうと、デジタルリバーブは超高級レトルト料理、そして真空管リバーブは有名料理人の手作り、という感じがする。好みの問題だし、ひいき目もあるだろうが、僕はこの真空管スプリング・リバーブ・マシンはすばらしい音だと思う。

I-5 1950年代ブルースアンプ

　ここで語るギターアンプは、そもそも「1950年代にアメリカで録音された黒人ブルースのギターの音を再現したい」というプロジェクトによるものであった。そしてこのアンプは、いろいろな変遷を経て、なんと最終的に Blues Classic という製品にまでなったのである。ひところ、フジヤマ・エレクトリックというレーベルで、実際に受注生産で販売していた。知る人ぞ知るマニアックな名機であり、いまだに現用で使っていらっしゃる方もいる、というギターアンプである。

　ここでは、その発端から最終的な製品版の Blues Classic へ至る道筋を物語的にご紹介しようと思う。もちろん、最終製品の回路図も、Fender や Marshall などなどにならってここに一般公開し、誰でも作れるようにしておく。

■ きっかけ

　アンプの話と直接関係ないかもしれないが、個性的なアンプがどうやって生まれるかという、そのきっかけをまずは語っておこう。

　僕は、ミュージシャンとしてはブルースギタリスト＆シンガーで、ドラムとベースと自分の３ピースバンドでいろいろライブなどやっている。そういう自分のいわゆる「ホーム」にあたるのが、横浜市にある「大倉山Muddy's」というご機嫌なライブバーである。いまでも年に数回、出させてもらっている。

　そして時は2011年、大倉山Muddy'sがたまにブルースナイトという企画をやっているのは知っていたが、それに出てみたいなあ、と思っていたとき、なにげにTwitterをながめていたら、Muddy'sの「3/19ブルースナイトやります、出演者募集中！」というツイートが流れてきた。見て即、うお！ってばかりに、その場でツイート返信で「林正樹、出ます出ます！」とエントリーしてしまった。

　僕の３ピースバンドの演奏はだいたいが、ジミヘン調のブルースロックで、歪みを踏んでソロ、みたいな世界なのだが、実は、かなり前々から、いわゆる「どブルース」ってのをやりたかったのである。ただのブルースではなく「ど」のついたやつである。

　実は、僕はジミ・ヘンドリックスに30過ぎに出会うまでは、黒人ブルース一本やりの典型的なブルース野郎で、ブルースロックですら認めない超偏狭なヤツだった。聞いたり演奏したりするのは全部、黒人ブルース、それも、1930年代とかの戦前弾き語りブルース、あるいは1950年代のシカゴブルースとか、そんなディープなのばっかりだった。

　30過ぎてその黒人ブルースのみにそろそろ疲れてきたときに、オレの前に、ジミ・ヘンドリッ

クスが救世主のように現れた。そして、古い黒人たちのためのじゃなくて、オレのジェネレーションのためのブルースをオレに啓示してくれたのであった。頭をガツンと一発やられて目からうろこが十数枚落ちて、それから僕はジミ一色の時代を送るようになる。それは、実は、今に至るも続いている。

　とはいえ、やっぱり自分のルーツの古い黒人ブルースを、また改めて、やりたい、という気持ちはずっとあり、いろいろアイデアを暖めてはいた。でも、なかなかそれが実現しなくて、それで、ライブバーのアナウンスを見て飛びついちゃったわけである。ライブを入れてしまえば、やらざるを得ない。

　さて、どブルースをやるからには、ギターの音をなんとしても、どブルースにしたい。しかし、そのころ僕がやっていたのはすべてブルースロックのノリであり、それはジミ・ヘンドリックスや、ロリー・ギャラガーやジョニー・ウィンターの音であった。それらは、50年代黒人のどブルースの音とは決定的に異なっていて、どブルースの音は、基本クリーントーンで、伸びの無い、無骨な、ちょっと下品な、飾り気が一切ない、そんな音なのである。しかし、そういう音をさせるギターやアンプというのは、現代ではほぼほぼ皆無といっていい。あとは、すべて高価なヴィンテージでそろえるしかないのだが、アンプビルダーな自分はそれを自分で追求したいと思った。

■ 最初のバージョン

　さて、「50年代ブルースアンプを作る」というお題のもとにプロジェクトは始まったが、まず最初にどんなことを考えたかというと、図1のアンプである。

　実は、このアンプは、ただのオーディオアンプで、ギターアンプじゃないのである。なので、このままCD出力を入れていいスピーカーをつなぐと、けっこうオーディオ的にいい音がしちゃうのである。回路的には6BM8を2本使ったプッシュプルアンプで、パワー管は3極管接続にしてある。

　結合コンデンサのたぐいも大きな値を使って、ギターアンプのように低域は削らないし、高域強調もせず、周波数特性はフラット。さらに電源回路はシリコンダイオードで、チョークコイルを使って、でっかい電解コンデンサを入れて、電源レギュレーションをよくしている。つまり信号を圧縮するコンプレスがかからないようにしているのである。ホントはさらにパワー管を固定バイアスにしたいところだったが、とりあえずここでは自己バイアスである。

　つまり、図1の回路の6BM8を2本使った3段目以降が、まったく変哲ないオーディオアンプになっていて、それの入力に、12AT7の3極管の電圧増幅が2段付いている回路なのである。

　いったいなんでこんなむちゃくちゃな（？）ことをやったかと言うと理由がある。たまに、エレキギターをPA（ボーカルアンプ）のマイク入力に突っ込んで弾いてみると、わりと1950年代のブルースギタリストっぽい音になったりする、という経験があったからなのである。現に、黒人ブルース野郎だった20代のころ、大森駅東口ドヤ街にあったヘイル・メリーというライブバーが自分の

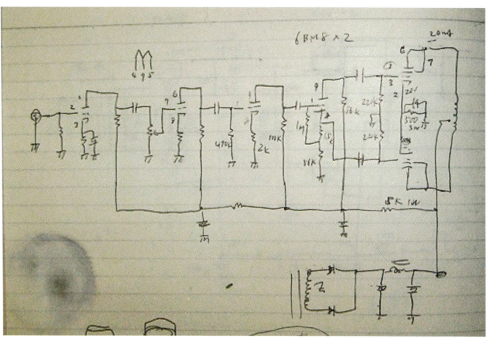

図1　一番最初に考えた50年代アンプの回路図

ホームだったのだが、そこではいつもエレキギターをPA直に入れてライブをしていた。
　すでに具体案を書き始めてしまったが、ではいったいそもそも50年代ブルースギターの音とはどんな音のことを言っているのか、書いておかねばなるまい。実は自分にはリファレンスになる音が確実に存在するのである。書籍に音を載せられないので残念だが、それは、Lowell Fulsonというブルースマンが1954年にチェスレコードに吹き込んだ「Reconsider Baby」という後に超有名になるブルース曲の録音で、フルソンが弾いているギター音なのである。YouTube検索で「Lowell Fulson Reconsider Baby 1954」と入れて、是非とも聞いてみて欲しい。サービスサイト*にも一応URLを載せておいた。

　聞きましたか？　この音、変ですよね？　まるでギターの弦が針金のようで、針金が振動する音をそのまま聞いているようで、まったく伸びがなく、しかしアタックは物凄く強く、現代では決して聞くことのできない独特な下品な音ではないですか。あまりの音に、自分などはマジでのけぞってしまう。もっともこれは音だけではなく、フルソンのギタープレイの、このやはり、今のどんな

ウルトラテクなギタリストでも再現が不可能なタイム感とピッキングコントロールのせいもあるのだが、自分はこれを聞くたびにその、あまりの音とプレイに毎回唖然とするのである。

　さて、ここでフルソンが使っているギターはたぶんセミアコあるいはフルアコ、しかしアンプがまったくの謎である。このころの黒人ブルースギタリストが弾いていたギターの情報は、写真にもだいたい写っているし推測ができるのだが、アンプについてはほとんど何の手がかりもない。いったいどんなアンプを使うとこんな音がするんだろう？　音がぜんぜん伸びなくて、ダイナミックレンジが広そうで、歪んではいないけど、何となくトップノートに下品な歪みが乗っている、これは一体なんなんだ！

　というわけで、この音が欲しいわけで、目標ははっきりしている。図1の回路で、ジャンクなシャーシーに仮組みしたアンプが図2である。このアンプを家で鳴らしても、なんだかちょっと違う。でも、なんとなく、そのへんのギターアンプよりは近い気もする。難しい。うーん、どうすればあの音になるんだろう。

　いずれにせよ、というわけで、このプロジェクトは始まったのである。3/19のブルースナイトのライブまではまだ数か月ある。

図2　初期バージョンの仮組みテスト

■ パワー不足判明

　こうして、初期バージョンの6BM8が2本の3極管接続のオーディオアンプでギターを鳴らす試作アンプが、完全にバラックではあるが、できあがった。家で弾くとまあまあな音がしている。しかし、実践ではどうだろう。

　ということで、たまたま行きつけの小さなライブバー「目黒タイムアウト」で、ブルースのジャムセッションをやっていたので、その現場に持ち込み、少しだけどドラムやベースと一緒に鳴らしてみた。

　結果は、ダメだった。ひとことで言ってパワー不足。ジャズっぽい抑えた感じの音楽であれば音量は大丈夫だけど、生ドラムに対抗できるまでツマミを回して音量を上げると、このアンプではパワー段で歪んでしまうのである。小さな音量で出ていたせっかくのペラペラのクリーントーンが、歪んでしまって満足な音量で出ないのである。

　これは単純にパワーが足りないせいである。6BM8の三結のプッシュプルでは数ワットていどしか出ず、そのライブバーのように小さなハコ（15人ぐらいで客席一杯になる）ですらパワー不足ということだ。もっとパワーを稼がないといけない。いうことで、6BM8を止めて、6V6GTの5極管接続に変更することにした。こうすることで、15Wぐらいの、ちょうどFender Blues Juniorていどまで上がるはずである。

■ 古臭い音を求めて

　これで、6V6GTのプッシュプルになったわけだが、前述したLowell Fulsonの音を求めていろいろ試行錯誤した。最初のアイデアは先に書いたように、PAアンプでギターを鳴らす、という作戦であったが、もちろん、フルソンがレコーディングした1950年代のギターアンプの回路なども調べていた。GibsonやFenderなどからいろいろ出ている。

　ここでひとつ例を出すと、1950年に作られたFender Deluxe 5A3というギターアンプがある。Fenderがエレキギターを販売し始めたのが1940年代後半で、同じ時期にギターアンプも出し始めている。これはその初期にあたり、TV-Frontと言われるモデルである（図3）。写真を見て分かるように、スピーカーのパネルが丸っこくて大昔のテレビ受信機の形をしているのでこう呼ばれているのである。このアンプ、ヴィンテージもののファンには垂涎ものであろう。回路は図4の通りで、いくつか目立った特徴がある。

　入力は3つだが上の2つは単なる入力ミックスで信号は上の初段に入り、3番目の入力は下の初段に入り、初段はGT管の6SC7で、現代では初段定番のMT管の12AX7よりゲインが低い。12AX7はμ=100のところ、6SC7はμ=70で、ちょうどμ=60の12AT7に相当する感じである。

　上と下の初段の回路はまったく同じだが、バイアス方式に変わったものを使っていて、これはゼ

図3 FenderのTVフロント
Fender Deluxe 5A3

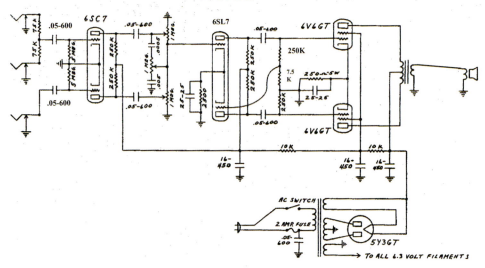

図4 Fender Deluxe 5A3の回路図

ロバイアスと呼ばれる回路である。図5が原理図である。グリッド抵抗が5MΩとすごく大きく、カソードが直接グランドに落ちていて、信号源とはコンデンサで分離されている。こうするとどうなるかというと、プレートには高電圧がかかっているので、カソードからプレートへ電子が流れるのだが（プレート電流が流れる）、そのとき、カソードのすぐそばにあるグリッドにも、カソードから出た電子がわずかながら吸い込まれ、電子の流れができるのである。電子の流れる方向と電流の流れる方向は逆なので、わずかな電流がグリッドからカソードへ流れるのである。これを初速度電流と呼び、オーダー的にはμAで極めて小さい。で、入力信号の側はコンデンサで遮断されているので、電流は5MΩのグリッド抵抗（この場合、グリッドリーク抵抗とも呼ばれたりする）を流れ、電圧降下を発生させ、結局、グリッドに-0.7V以下ぐらいの直流電圧が現れ、これがバイアスになるのである。なんだか心もとない原理だが、これをゼロバイアスといって、大昔の真空管ラジオとかによく使われていた。

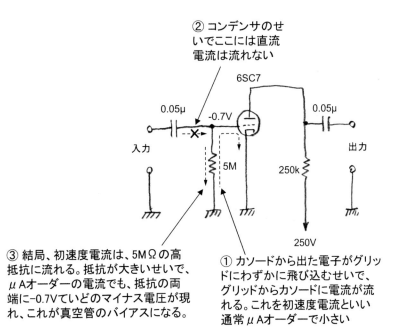

図5　ゼロバイアスの原理

このゼロバイアスは高μな真空管に使われるもので、ここでは中μの6SC7で使っている。12AT7でもこの方式は使えるが、低μの12AU7になるときついかもしれない。それでその音に対する作用だが、原理的にバイアスは浅いので（たかだか-0.5V〜-0.7Vていど）、その電圧以上の信号が来るとあっさりと歪む。普通、0.1V以下の小信号にのみ使う回路なのである。これをギター

アンプに使うとどうなるかというと、エレキギターの出力はピックアップや弾き方などによって一概には言えないが、普通に弾いていれば0.1Vぐらいのときもあるが、思い切りかき鳴らせば余裕で1Vを超える。ということは初段で余裕で歪むということを意味する。実際にやってみると、これは主観だが、ゼロバイアスのギター音は独特で、なんとなくペチャっとした平板な印象になる。このゼロバイアス回路は、初期には使われたものの、すぐに姿を消すのは音的な理由があるのである。ただ、古臭い音を目指す僕は、これを採用することにした。

さて、ゼロバイアスの初段を経て信号は、図4の6SL7の上側の3極管に入り、普通に増幅される。6SL7は初段の6SC7と同じく$\mu=70$の球である。その後、位相反転回路に入るが、それが6SL7の下側の3極管である。この回路図は描き方が悪く、ひどく分かりにくいのだが、実は簡単で、最も初期にだけ使われた古典式位相反転回路（正式な名前を知らない）である。原理は単純極まりない。

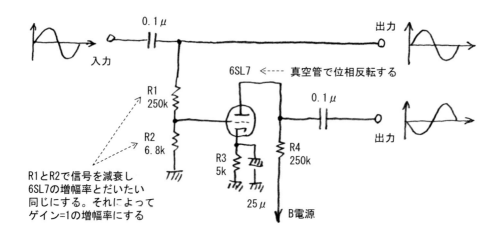

図6　古典式位相反転回路の原理

図6が原理図である。下側の信号だけを3極管で増幅して位相反転して、上と下で位相を反転させる。しかし下側は増幅されてしまい信号が大きくなってしまうので、上と信号の大きさをそろえるために、3極管の入口に250kΩと6.8kΩの分圧回路を入れて、信号をあらかじめ小さくしているのである。この方式はごく初期のギターアンプに使われただけで、すぐに図1の6BM8アンプのようなPK反転、そしてムラード型と言われる差動増幅を使った位相反転回路に変更されている。今ではほとんどの機種がムラード型になっているはずだ。

この古典式はデメリットがいくつもある。まず真空管にはばらつきがあるが、その場合、上の信号と下の反転信号の大きさが合わず、後段のプッシュプルで信号合成がうまく行かず信号が歪んでしまう。あと、大きな入力信号が入った場合、下の3極管増幅で歪んでしまい、上段は歪み無し、下段は

歪みありになり、これまたプッシュプルで信号が変なことになる。メリットは、おちゃめな回路だという以外、無いと言っていいのだが、これも昔の音を求めて、あえてこれを使ってみることにした。

　以上、PAアンプでエレキギターを鳴らす、というのと、Fenderの1950年当時の古臭い回路を残す、というコンセプトをミックスして作った最終的な回路だが、パワー段だけしか回路図が残ってないのだが、図7である。プリ段は12AT7の普通の2段増幅のはずである。GAINとMASTERは付けたが、トーンは無い。

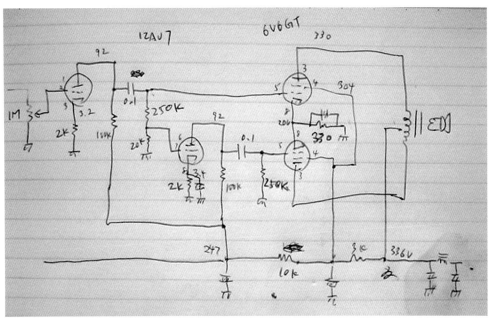

図7　試作してライブでも使ったアンプの回路図（パワー段のみ）

　この6V6GTのブルースアンプをバラックで組んで、家で弾いてみると、なかなかいい感じの音が出ている。家では74年のボロいムスタングをつないで、GAINは半分で、VOLはうるさくないぐらいに絞って弾いていた。これを聞いている限り、けっこう古臭い、目標であるLowell Fulsonっぽい音がしている。というか、これってムスタングの生音そのものが出てる、と言ってもいいかもしれない。

　あとはやはり、これで生ドラムとエレキベースと一緒にやったときにどうなるかである。この時点でライブまで1ヶ月を切っており、もう、これで行こうと決めた。しかし、ライブのハコの大倉山Muddy'sは、先の目黒タイムアウトの4倍ぐらいの広さのあるそこそこ中ぐらいの広さのハコで、この15Wの持ち込みアンプでは音量が足りないかもしれない。まあ、リハでそういうことになったら、マイク録りしてもらってPAから出せばいいか、と考えていた。

そういうことが起こらないようにするには、パワーをもうワンレベル上げなければならず、真空管を6L6GCかなんかにして30Wぐらい稼がないといけないであろう。そうなるとさらに、電源トランスと出力トランスをハイパワーにしないといけない。これは大変だし、大きくなるし、重くなるし、カネもかかるし、どうしようかな、ってところである。

■ 実践で使う

とうとう、ライブバー「大倉山Muddy's」のブルースナイトの日がやってきた。その夜は3バンド出演し、僕らはトリ。ドラム・ベース・ギターの3ピースバンドで、ディストーションなどエフェクターは無しで、ギターからアンプ直のクリーントーンだけで演奏である。さて、試作した古臭いブルースの音がするアンプが、実践でどう鳴るかである。この試作機の外観は図8である。

まず、スピーカーはPeaveyの12インチキャビを使い、音量にちょっと不安があったんでマイク

図8　試作機の外観

を立ててPAから少し出してもらった。ギターは家弾きと同じく74年ムスタングに、1弦が012ぐらいの3弦プレーンセットの中では一番太いやつを張った。ムスタングはショートスケールなので、それほどひどくテンションは高くなく、ちょっと力はいるけど、まあまあチョーキングOKな範囲になる。セッティングは、GAINが半分、MASTERは3/4である。

紙面に音は載せられないが、書籍のサービスサイト*で聞いてみて欲しい。オーティス・ラッシュ

の「All Your Love」、そして、フェントン・ロビンソンの「Somebody Loan Me A Dime」、VOXのワウを踏んで演奏したロバート・ジョンソンの「32-20 Blues」である。

なかなかいい音だと思う。というか、案の定というか、ふつうのギターアンプとはぜんぜん違う音である。何というか、PAのオーディオアンプ風にしているせいなのか、ギターマイクの出力がそのまま音になって出てる感じである。音に飾りがまるでなく、もちろんリバーブもついてないし、弾き手としてみると「隠れる場所なし！」みたいな感じ。このアンプは、普段エフェクター漬けの人は弾くのはムリだろう。でも、ブルースマンには、この音は、けっこうウケると思う。あるいは考え方を変えて、このアンプはPA的なので、エフェクターボードに大量のエフェクターを並べて完璧に音作りしてしまう人にも向いているかもしれない。

演奏が終わった後も、かなりたくさんの人からギターの音がいいと言われ、何人かのプレイヤーに「このアンプ欲しいかも」と言われた。「売り出してみたら？」なんて言う人もいた。あと、本番前のリハスタジオにもこれを持っていって、そのときはMarshallのスピーカーキャビで鳴らしたけどホントに独特の音だった。リハのとき、ためしに、エレキベースをこれに突っ込んで鳴らしてみたら、あら不思議、ベースの音もかなりいいみたい。うちのベーシストはこの音をいたく気に入ったようで、マジでこのアンプ購入を考える、と言っていた。

■ 第一号試作機

もう一度この50年代ブルースアンプの要点をまとめると以下の通りである。

- 初段は12AT7でゼロバイアス。この後GAINボリューム。
- 2段目は12AT7のもうひとつ。その後MASTERボリューム
- トーンコントロールは無し
- 12AU7の古典式位相反転回路
- 6V6GTの自己バイアスのプッシュプル
- NFB（負帰還）なし
- 結合コンデンサはほとんど0.1μFで、低域をほとんど削っていない
- 出力トランスは野口トランスの10Wオーディオ用
- 電源トランスはFenderのChampのもの。119V用なので電圧は2割ほど低い状態で使用。したがって、真空管のヒーターのエミッションが低く、ぎりぎり。

以上は、かなり時代の進歩に反した設計であって、少なくともこんなチューブアンプはほとんどどこにも売ってない。かなりニッチなアンプなのであるが、実践で使って評判も良かったし、自分でもいい音だと感じたわけで、けっこうイケている。ライブのあとでは、受注生産でもするか、などと呑気に考えていた。

■ 実用機へ

　そうこうしているうちに、その受注生産を本気でやってみないか、という話が持ち上がったのである。それでまずは、ライブで使ったバラックに近いただの試作機じゃなくてもっと実用的なものを作ろうということになった。バラックな試作機に使った部品から正規に回路図を起こし直し、部品表を作り、それに基づいて第一号機を僕が試作した。大きく変わったところは、以前は出力トランスに野口トランスの10Wオーディオ用を使っていたところ、これをデラリバ(Fender Deluxe Reverb)準拠のトランスに変えたところぐらいで、他はだいたい元の通りである。横幅25センチ

図9　正規に組み直した50年代ブルースアンプの外観

のシャーシーは少し小さめでコンパクトなルックスになっている。図9がそれである。

　裏面の配線は図10のとおりで、ちょっと混み合っている。見た目はあんまり配線がきれいではないが、これは自分の性格もある。しかし、実際は、まず太いアース母線を張って、オーディオ的に最短配線になり、かつループ面積を最小で配線した結果こうなっているのである。つまり、これはオーディオアンプのノウハウで配線したギターアンプなのである。よくある「見た目は悪いけど味はいい」みたいなものか。ただ、こうしたときの欠点は後のメンテナンスがやりにくい、というのはある。

　使用する部品については、結合コンデンサにはわりといいものを使ったけれど、他の、抵抗、電解コンデンサなどは普及品を使っている。マニアはヴィンテージ部品にこだわったり、いろいろだが、それ系のよくオカルトと揶揄される方法は取っていない（僕自身はオカルトは楽しいので肯定派。本書でも取り上げた）。現代に生産されている普及品の部品が、結局、信頼性も高くていいのではないか、との考えからである。線材もそのへんのビニール線とスズメッキ線を使っている。量産品ではなく受注生産なので、こだわりの部品を使うことはアリなのだが、オカルトに走るほど自分はあれこれ試した経験があるわけでもなく、ここはあっさりと常識的にまとめてみた。

　さて、出来上がったアンプで弾いてみたら、回路がほとんど同じなので当たり前だけど、最初のバラックと同じ音で、いい音が出ている。そこでこの実用機をライブバーに持ち込み、いま一度実地で使ってみて、それを最終チェックにすることにした。小さなハコだが目黒タイムアウトへ持ち込み、生ドラムとエレキベースと演奏し、無事にOKだったので、これをもって最終実用機とした。

図10　正規に組み直した50年代ブルースアンプの内部配線

■ 製品版Blues Classicへ

　そんなわけで、そのころは有志の仲間三人で、アンプ受注生産の仕事を始めたのだけれど、製品にして世に出すにはいろいろな苦労があって、一つ一つ経験しながら進めるのが、いろんな発見がたくさんあってすごく楽しかった。僕が作った実用機を元型にして、シャーシー製作と組み立て配線を業者さんに頼んでやってもらい、まずは2台、製品版を作ったのが図11である。プロが配線した裏面の内部配線は図12である。僕の実用機にほぼ忠実に作られているのだけれど、できあがって見てみると、さすがにきれい。奥の方に見えているように、黒いカバーがつく。けっこう軽いので、持ち運びとかは楽であろう。

図11　Blues Classicの完成版の外観

　さっそく家で音出ししてみたら、やはり、かなりいい音がする。さすがに完全手配線で、タレットボードも使わずに立体配線しているだけあって、とても抜けのいい、反応のいいアンプに仕上がっている。このアンプでギターを練習したら、うまくなるかも、という感じだ。
　それから、ネーミングなのだけど、まず、メーカー名はフジヤマ・エレクトリック (Fujiyama Electric)に決定。それで、この第一号のアンプは、いろいろ考えた末、すごくストレートな「Blues Classic」という名前を付けた。まずは小さなライブバー目黒タイムアウトに持って行って音出しして、そこにアンプを常駐させてもらい、プロの方たちにも使ってもらって反応を見ることにした。

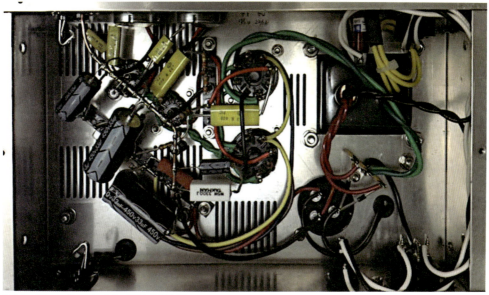

図12　Blues Classicの完成版の内部配線

　フジヤマ・エレクトリックのそのときの予定だが、パワー管を6L6GCにしてトーンコントロールもつけた30W級の大きなアンプ、それからほぼ同じような構成でベース用のチューブアンプを出すこと。あと、Fuzz Faceのやはり手配線版を製品化すること。それから小型軽量のミニ真空管アンプを試作すること、などの企画があった。

■ その後

　こうしてフジヤマ・エレクトリックでは、このBlues Classicと、それから本書にも載せたClassic Fuzz FaceとModern Fuzz Faceについて、部品の調達先、シャーシー加工業者、そして配線業者の確保などをして、受注の生産ラインができあがっていった。ホームページも開設して、コンタクトルートも作り、順調に仕事が進んで行った。当初はこんなことになると考えてもいなかったので、驚きで、それにつけても僕の製作物に注目してくれた仲間たちに感謝である。そして、Blues ClassicやFuzz Faceもぼちぼち受注が入り、何台か売れ始めた。お客さんからのレビューも評判よく、ライブバーに置いたBlues Classicを使った人のインプレッションなども入り始めた。

　しかし、ここまで来て残念なことに、2012年に、メイン技術者のこの僕が、なんとスウェーデンでの就職が決まり、先方へ移住することになってしまったのである。本人がいなくても、少ないながらも製品ラインナップは揃っていたので、できないことは無いのかもしれないけれど、いくら

オンラインネットワークの今とはいえ、スウェーデンは遠すぎる。しかも、僕が真空管をいじって作って音を鳴らして、という作業が当面スウェーデンで出来なくなってしまった。すべての製作環境を向こうでそろえるのは、ただでさえぜんぜん違う環境では難しい。というわけで数年後に、フジヤマ・エレクトリックは活動休止になってしまったのである。

現在、この文でも何回も出てきたライブバーの目黒タイムアウトに、フジヤマ・エレクトリック製のBlues Classicが現用として置いてある。ここでジャムセッションとかに来てエレキギターを弾く人は、店のアンプの一つとして、いまでもこのBlues Classicを使っているのである。元来は50年代ブルースアンプであり、だいぶ特殊な、言ってみれば、ものすごく古臭い60年代のロック黎明期の音がするので、このアンプの好みは分かれるところである。でも、お店で鳴るライブ音楽を60年代ロックやブルースに引き戻す効用はあるみたいである（笑）。

ライブバーでの現用ということで、実はオリジナルからいくらか回路定数を変えている。完全オリジナルのBlues Classicの回路図を図13に、現在ライブバーで現用になっているBlues Classicの回路図を図14にあげておく。ほとんど違いは無いが、結合コンデンサの値や出力トランスの選定などが異なっている。実はこのBlues Classicsがいま手元に無く、実体配線図が作れなかったこと、了承いただきたい。

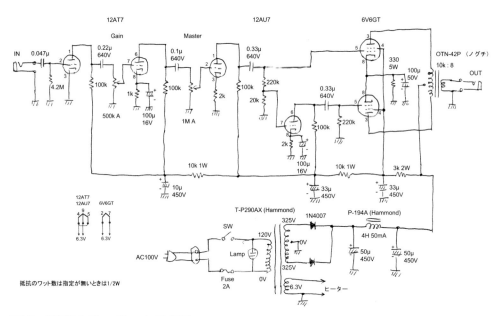

図13　オリジナルBlues Classicの回路図

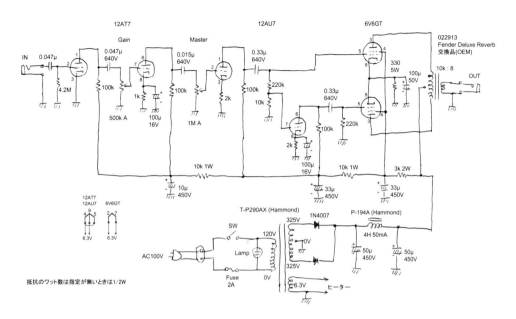

図14　現用Blues Classicの回路図

1-6 ファズ・フェイス

　本書は真空管ギターアンプの本だが、エフェクターもひとつぐらいあっても良かろう、ということで、最終的に製品版まで行ったFuzz Faceの製作について語ってみよう。

　本来なら一部に人気な、真空管を使ったエフェクターを出すところだろうが、どうも自分はあれが肌に合わない。なんだか小さい箱にぎちぎちに詰めてDC-DCコンバータで駆動したり、低電圧駆動したり、という使い方が、真空管をいじめているみたいで、どうも苦手だ。真空管にはのびのび動作してもらいたいのである。

　ということで、ここでは、もう、そのものずばりのFuzz Faceの製作について語ろう。あと、僕が崇めるギタリスト＆シンガーのジミ・ヘンドリックスが使っていたのがこの古典Fuzz Faceで、それも、このファズにこだわる理由の一つである。

　さて、それでは、遊びで始めたファズの自作が、いろいろな変遷ののち、製品版にまで至る経緯をご紹介しよう。

■ ファズについて

　真空管ギターアンプの製作などを始めたせいで、アメリカのサイトを見ることが多くなった。すると、ギターアンプにとどまらず、エフェクターの自作情報なども目につく。そこで、お試し的に、ギターエフェクターでもっとも基本的な歪み系エフェクター、そしてその中でももっとも古典的なファズ (Fuzz)に手を出してみることにした。

　その昔、ギターアンプがすべて真空管だったころ、ギター、アンプ共にボリュームをフルにすると真空管がオーバードライブ状態になり、音が激しく歪み、サスティーンがかかり、やたらカッコいい攻撃的なギターサウンドが得られることに誰かが気が付いた。このいわゆるディストーション・サウンドをロックギターのひとつのスタイルとして一般にオーソライズしたミュージシャンに、若かりし日の、かのエリック・クラプトンがいる。そしてさらに、このディストーションに、アンプからギターへのフィードバックによる破壊的な音を加えたジミ・ヘンドリックスのような人が現れ、ロックギターの基礎が出来上がった、という訳であろう。

　それにしても、これらロックミュージシャンより前の50年代ごろの黒人ブルースなど聞いてみると、すでにエルモア・ジェイムズなどがアンプ歪みのきいた音でぎゃんぎゃんと弾いており、はては、ハーモニカ吹きのリトル・ウォルターなどはこのディストーションをハーモニカに効かせて、おどろおどろしい雰囲気を醸し出したりしていた。

この頃から、このアンプ歪みをトランジスタ回路などで意図的に作り出すエフェクターがいろいろ作られるようになり、その走りがこのファズというわけである。今回試してみる回路は、60年代に発売されたファズフェイス（Fuzz Face）というやつで、ジミヘンが使っていたことで有名である。このファズフェイスは、ファズ出たてのころの製品で、トランジスタを2つ使っただけの実にシンプルな回路である。その後、いまに至るまで膨大な数の歪み系エフェクターが出ているが、だいたい、フルスイングに近い状態まで増幅し、これをダイオードでクリップして方形波状に整形することで、あの攻撃的なえぐい音を出しているものが多い。これに対してこのファズフェイスは、ダイオードは使わず、トランジスタの増幅率を大きくとり、トランジスタそのものでクリッピングさせている。

■Fuzz Faceの回路と動作

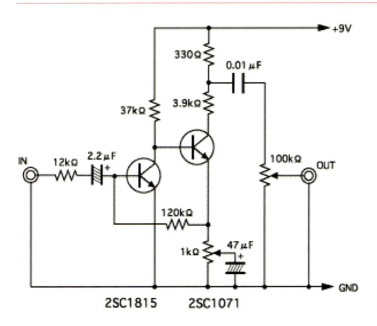

図1　最初に作ったFuzz Faceの回路図

　図1が最初に試した回路である。抵抗値の細かい違いはあるものの、オリジナルの60年代Fuzz Faceと同じだ。ただし、ヴィンテージファズがPNP型のゲルマニウムトランジスタを使っているところ、ここでは、NPN型のシリコントランジスタを使っている（電源の±が逆になる）。しかし、回路図を見ると、トランジスタを使い慣れた人にとっては、ただのよくある直結の2段増幅回路なのである。回路の原理についてはアメリカのサイトでいろいろ解説されていて、それらをまとめると以下のような感じである。

- 1段目のコレクタ電圧が1V以下とかなり低く、ギター音量を上げると、波形の片側だけクリッピングし、上下非対称の波形になる
- 1段目で非対称に大きくなった信号を2段目でハードクリッピングする。こちらは上下対称のクリップでその歪み量をエミッタ抵抗の電流帰還を変化させてコントロールしている
- 2段目のエミッタから1段目のベースに120kΩの抵抗でDC帰還がかかっていて、増幅率が爆発的になるのを防ぎ、いい感じの歪みにする
- 入力の直後の12kΩだが、Fuzz Face自体の入力インピーダンスがかなり低く（数kΩ）、前段に影響するので、ここに12kΩを入れて見かけ上の入力インピーダンスを高くしている。ただし、信号はここで減衰する（おそらく、1/2以下になる）
- クリップした信号はでかいので、2つのコレクタの抵抗（330Ωと3.9kΩ）で分圧して適当な大きさにして出力する
- 結局、1段目で弱いピッキングのときのニュアンスを出し、2段目でハードドライブ時の攻撃的サウンドを出す

ということである、まあ、何となく分かるような気がする。このような動作原理の場合、二つのトランジスタの特性、特に電流増幅率 (h_{FE}) の選択が音に多大な影響を与えると言われている。ファズフェイス出たてのころは年代的に言って、先にも言ったように、使われたトランジスタは、PNP型のゲルマニウムトランジスタ、さらに漏れ電流の大きな、安定性の低い、かなり粗悪な代物だったらしい。当時のトランジスタは全体に再現性がかなり悪く、同じ型名でも h_{FE} がはなはだしくばらついていて、温度や動作点によってもバカバカ変わってしまうというものであった。したがって、同じファズフェイスでも、音にかなりのばらつきがあり、十台買ってホントの当たりが1、2台というノリだったようである。その後、製造技術が進歩し、ゲルマニウムに代わってシリコンが主流になり、ファズフェイスもいくたびかのアップデート、そして亜流を生み出し現代に至る。しかし、やっぱりこういうヴィンテージものというのはそういうものなのだが、根強いゲルマニウム派というのもあるようである。気持ちはすごくよく分かるものの、ここでは現代風にシリコンで行こうと思う。

■ 一次試作

さて、図1の回路をもとに、ジャンクをあさって部品を揃えて回路を仮組みし、音出ししながらいろいろ遊んでみる。トランジスタはソケットにして、トランジスタをいろいろ換えられるようにした。実際にやってみるとけっこう音が変わって面白い。そのころ、どこぞでもらってきたオールドストックのいろんなトランジスタがたくさんあったので、差し替えてずいぶんとやってみた。簡単な h_{FE} 測定回路を作ってトランジスタの特性測定もしてみた。自分的には、初段が130、終段が

70ぐらいでいい感じであった。さらに初段のベースに直列に抵抗を入れ、歪みを全体に押さえたヤツが一番気に入った。ピッキングのニュアンスが出やすいのである。最後に、終段のコレクタ電圧が4.5Vていどになるようにコレクタ抵抗を調整した。これでまた増幅率も変わるのだが、まあまあいい感じである。

　素子の値が決定したら、全体を基板の上に組み直し、箱入れであるが、図2をごらんの通り、段ボールの小さな箱に収めて、当面はウケねらいとした。完全に夏休みの工作そのものである。それはともかく、実際にスタジオ入りして鳴らしてみないと分からないので、この状態で練習などに持って行き、使ってみようというわけである。

図2　FuzzFaceを元にした自作ファズ（夏休みの工作レベル）

■ 紙箱のままでリハ

　そして、この段ボール箱のまま、スタジオ練習に持っていって使ってみた。家で弾いているときはなかなかいい音だったんでバンドで使ってみたかったのである。リハの最後の方でこのFUZZ2002をカバンから出してみたら、やっぱりウケた。おお、これ、オモシロそうじゃん、とかいって。そこで、つないでみたのだけど、いや、これはノイズがひどい。ディストーションを上げると、特にジージーいっちゃって、まともな音にならないのである。1、2曲やってみたけどとても使えず、結局やめた。さらに、スルーのフットスイッチもないわけで、これじゃ事実上使えないわけだ。

　そっか、と思ってしばらく放っておいたのだが、家で弾いてみるとやはりいい音なのである。当

たり前なのだが、このノイズの原因はやはり内部回路にシールドがまったく無いせいなのである。やはり段ボールじゃダメで、金属の箱に入れないといけない（当たり前　笑）。

■ 現用機へ

　実は、このFuzzを作って遊んでいたときも、自分は歪みエフェクターの主力機を持っていた。Hot Cakeである。ライブでもどこでもこのHot Cakeを使っていた。たしか3万5千円ぐらいしたはずで、やたらと高いが、音はけっこう気に入っていた。それにしても高価である。ネットで回路図を調べてみると、これまた非常にシンプルで、ほとんどオペアンプ1個で終わり、みたいな感じだった気がする。で、中を開けてみると、基板の回路の上にグニョーっと接着剤がついていて、その上にボール紙がベタっと貼ってあり、そこに外人さんの手書きのサインがしてある。

　聞いたところによると、どうやら、このHot Cakeは、ヨーロッパのどこぞの国の名人が回路を一つ一つ音出し調整して、それで出荷しているのだそうだ。回路自体は、まあ5、6千円相当のものだと思われるが、その名人が調整すると3万5千円になっちゃうって、なんか感心していいんだか呆れていいんだか良く分からない事情である。

　このHot Cake、数年はおとなしく毎回使っていたのだけど、なんだか飽きちゃったんだろう、あるギグが終わって、家に帰ってみたらHot Cakeが見つからない、どうやらどっかで失くしちゃったみたいだ、ありゃー、どうしようか、でも、まあ、いいか。みたいにロクに探しもせず紛失してしまったのである。さあ、歪みはHot Cakeしか無かったんで、代わりを探さないといけない。

図3　メタルの箱に入れたFuzz Face

次のライブの日程が迫ってきたある日、かの段ボール箱に入れたFuzz Faceを思い出し、とりあえず、これを使えるようにしようかな、と思ったのである。そこで、近所の100円ショップへ行き、適当な金属の箱を買ってきて、そこに回路を入れなおし、手持ちのバイパス用フットスイッチも取り付け、それなりに使えるようにまとめたのが、図3である。

　ライブなんかで、これを足元に置くと、お客さんの視線は真っ先にこのファズとは思えないアホなルックスの箱に集まり、効果はなかなかである。特にお客の女の子なんか、ほぼ全員が、なにこれ、かわいいー！という反応で、まんざらでもない人気であった。やはりエフェクターのルックスというのは重要である。

■ Fuzz Face実用機

　さて、100円ショップで買ったカワイイ缶に入れて現用でしばらく使っていたのだが、ペラペラの缶であり、ペコペコなわけで、フットスイッチを踏んだり、持ち歩いたりするたびに変形して行き、ボロボロになってきてしまった。さすがに、こんなアホなケースに入れたままシリアス用途は厳しい。もっとも、数回は立派にライブで使ったので充分にお役目は果たした。そこで、ちゃんとしたケースに移し変え、今度こそ末永く使えるようにしよう、ということで、エフェクターでは定番のアルミダイキャストのケースに入れることにした。結局、図4のような外観になり、まことに素っ気ないが、性能不明なミリタリー風に見えないことも無い。

　それから、回路だが、いろいろ試したのち、最終的な回路図は図5の通りである。使用しているトランジスタは、h_{FE}が初段130、終段70ぐらいの方針は変えず、それぞれ2SC1815、2SC1071である。それから、歪ツマミの1kΩ　VRにC型を使うのはノウハウである。これで歪ツマミを回したとき、あるところから急に歪まず、滑らかにだんだん歪むようになる。あと、オン／オフの

図4　実用版のFuzz Face

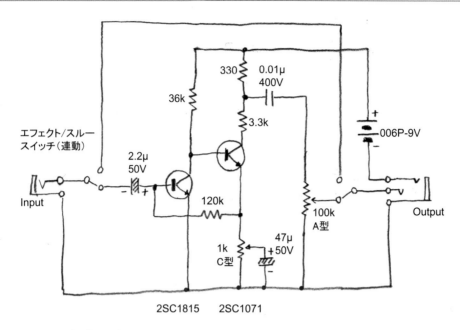

図5　Fuzz Face実用機の回路図

　LEDインジケータも付けた。コンデンサ類の耐圧が異様に高いのは、このあとに出て来る製品版で使っているものを記したからである。電源は9ボルトの電池なので、耐圧は9Vあればよく、実際にはコンデンサも16Vあたりのものを使えばよい。

　配線の中身は図6である。中の配線を平ラグ板を使ったものに変えて、さらに線材を太い単線に代えて強度を持たせた。あと、前回までのヤツは部品もありあわせのものだったが、今回は抵抗とコンデンサにちょっとだけ良いもの使ってみた。出来上がってみるとなんだか信頼できる雰囲気である。

　ところで、この内部配線のラグ板の左下に小さなスライドスイッチが付いている。これは何かというと、入力に12kΩの抵抗を入れるか入れないかのスイッチである。実は、ここであげた図4、5、6の実用機は、いまでもライブで現用で使っている。で、自分はジミ・ヘンドリックスにならって、エレキからVOXのワウを通してこのFuzz Faceにつなぎ、それをアンプに入力している。この場合、Fuzzの入力インピーダンスが低すぎて、ワウがほとんど効かない状態になってしまう。ジミがこの問題をどう解決しているかは知らないが、自分はこの12kΩでそこそこ入力インピーダンスを高くして問題回避しているのである。しかし、ワウを入れなければこれは不要で、むしろ高域の落ちた独特な音が好きなので、スイッチで切り替えられるようにしたのである。参考までにスイッチ周りの回路を図7にあげておく。

図6　Fuzz Face実用機の内部配線

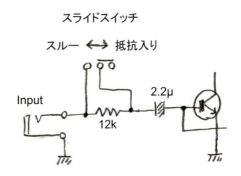

図7　入力インピーダンスを切り替える回路部分

　図8が実体配線図である。これは趣味だが、僕が手描きにして、昭和の電子工作本っぽい雰囲気をねらった。

　このファズ実用機だが、これもライブで何回か使った。前回までと回路は基本、同じなのでほぼ同じ音である。ただ、何となく信頼性が高い感じで、安心して使える。相変わらずペダルを踏むと、高域のエッジがなくなり、ブォーって感じの野太い歪み音になる。ジミ・ヘンドリックスがモンタレー・ポップ・フェスティバルでアメリカデビューしたときのあの音がするのである。トップの曲の「Killing Floor」で、3回歌ったあとFuzz Faceを踏んで、最初に、ブォーブォブォッブォー、ってほとんど腕力でチョーキングする、あの音。あの存在感の塊のような音が確かにする。これは、凄い。

　あと、参考までに、このファズの音だが、サービスサイトに自分がかなり小さなハコでライブをやったときの音源を載せておいた。これは、フェンダーとかのギターアンプじゃなくて、かなり生っぽいトランジスターギターアンプに通した音である。2:21のところ*でファズを踏んでソロを取っている。ギターはストラト。この、やけに高域が削がれた野太い音が、このファズの特徴なのである。

サービスサイト　https://rutles.co.jp/download/550/index.html

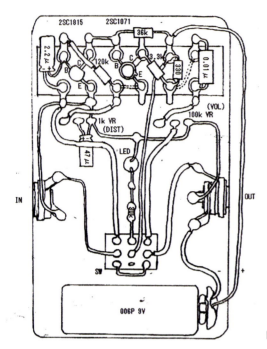

図8　Fuzz Face実用機の実体配線図

■ Classic Fuzz／Modern Fuzz製品版

　ちょうどこのころ、本書の製作編の1950年代ブルースアンプのところでご紹介したように、Fujiyama Electricという会社を作ってBlues Classicという真空管ギターアンプを製作販売しようという話が持ち上がった。それで、本節で語っているFuzz Faceも一緒に製品化しようじゃないか、ということになった。

　いろいろ考えたが、結局、回路も使用部品も配線も変えなかった。いちばんの問題はトランジスタで、すでに2SC1815も2SC1071も製造中止で、ストックものしかない。というわけでFujiyamaであちこち探してストックを確保した。現用品でh_{FE}が100以下のものがあればよいのだが、今どき、そういうトランジスタはほとんど無く、ほぼすべて200以上の品なのである。トランジスタがオーディオ用途ではなくなり、ほぼスイッチングなどデジタル用途へ転換してしまったからであろう。したがってNOS (New Old Stock)を確保するのが重要で、往々にして値段も高い。

　あと、一点、どうしても変えないといけないのは外観である。売り物にするならちゃんと塗装をして、ネームを入れないとサマにならない。結局、この製品にはClassic Fuzzという地味な名前を付けて、業者に頼んでアルミダイキャストの箱に塗装をほどこし、製品版ができあがった。ところがこのClassic Fuzzの現物が手元に無く、写真だけかろうじて見つかったのが図9である。何台か

図9　Fujiyama ElectricからのClassic Fuzz（評価版）

は売れたので、お客さんが持っている物だけである。
　一方、これと並行して、Fuzz Faceの改造などもいろいろやっていた。Fuzz Face回路はシンプルですごく魅力的なのだが、入力インピーダンスが数kΩと低いのが難点である。初段のエミッタ接地のトランジスタのベースが、2.2μFで分離しているものの、むき出しなので仕方ないことだ。入力インピーダンスが低いところに、たとえばエレキギターを直接つなぐと、ギターピックアップの特性から、どうしても高域の信号のレベルががくんと落ちてしまう。前著に詳しいが図10のような事情からである。これはひとえに、エレキギターのピックアップが音の高低によってインピーダンスが上下するからである（図10では10kΩと50kΩ。ただしこれは実測値ではなく仮の値）。
　そんなわけで、ファズを踏んだとたんにモコモコの音になりやすい。前にあげた僕の演奏でも、ジミのモンタレーの1曲目でも、それはうかがえる。自分的には「だからカッコいいんじゃん！」となるのだが、やはり、通常のロッカーはそう思わないだろう。歪を踏んでも、踏まない前のトーンキャラクタのまま歪んで欲しい、と思うであろう。あと、前述したが、このFuzz Faceの前にワウを入れると入力インピーダンスが低すぎてワウの効きが極端に悪くなるという問題もある。
　この入力インピーダンスの問題を解決するために、Fuzz Face回路の前に、一段バッファを入れ、1MΩの高入力インピーダンスにし、それで信号増幅はせずに歪回路へ渡す、ということをやってみた。具体的にはFETを使い、これをソースフォロワ（真空管でいえばカソードフォロワ。FETは

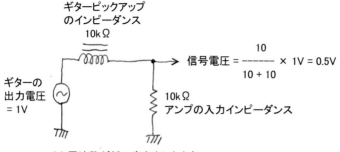

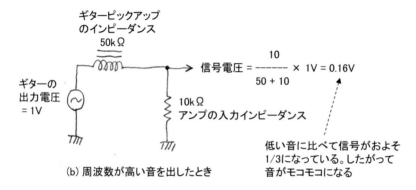

図10　アンプの入力インピーダンスが低いとなぜ高音が落ちてモコモコになるか

特性的に真空管に似ている）にして使うことにした。増幅率はほぼ1で、入力インピーダンスは通常の真空管ギターアンプのように1MΩになるようにした。図11がその回路である。

　これを試してみたら、効果は劇的で、ふつうに市販されている歪系エフェクターと同じ感じになった。どんなエフェクトチェーンのどこに入れても、安定して使うことができる。歪み方自体は、Fuzz Faceそのものなので、歪の質は変わらない。ただ、ハイ落ち込みで「いい音」と認識していた僕には、ハイが出過ぎていて、すごくモダンな印象を受けた。でも、これが現代的というものであろう。ということで、こっちのファズにModern Fuzzという、これまたストレートな名前を付けて、同時販売することにした。

　図12がその外観、図13が内部配線である。このModern Fuzzではプリント基板も起こし、それなりに量産できるようにもした。購入されたお客さんのレビューもいただき「これはひょっとすると理想的歪エフェクターかもしれない」というお褒めの言葉ももらった。いま思えば、FETのバッファをスライドスイッチかなんかでオン／オフできるようにして、ClassicとModernが切り替えできるようにすると面白かった気がする。ただ、1950年代ブルースアンプのところにも書いた

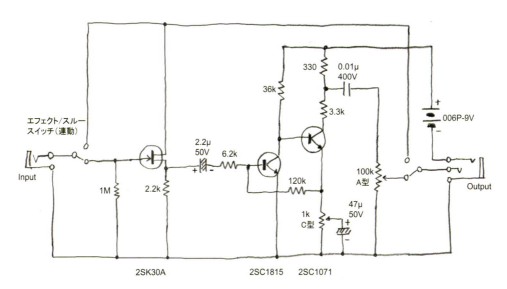

図11　バッファ入りのModern Fuzzの回路図

図12　製品版のModern Fuzzの外観　　図13　製品版のModern Fuzzの内部配線

が、僕の外国移住で、この製品もそのままペンディングになってしまった。いまやClassic Fuzzも Modern Fuzzも幻の名器（？）である。しかし、いつか再開したいものである。

オーディオアンプとギターアンプ

　僕が真空管いじりを再開したのはいまからおよそ 20 年前で、その最初はオーディオアンプの製作だった。そのころアマチュア真空管オーディオ界隈でだいぶ話題になっていた超 3 極管接続という特殊な回路があり、これを回路図どおり 6BM8 と 2SK30 で作って、音を鳴らして、そのあまりの迫力に心底びっくりして、それ以来、ハマったのであった。

　それから、短期間でオーディオアンプについてたくさんの知識を仕入れたが、オーディオアンプの設計指針はある意味分かりやすい。数値的な基本スペックがいくつかあって、それらを満足するように設計することが出発点である。まず、要求される音量に応じた出力ワット数。耳に聞こえる 20Hz から 20kHz までの周波数応答がフラットなこと。音声波形を忠実に再現するために歪率を低くすること。ハムその他の残留ノイズを極力小さくすること。そして、電気信号を音にするスピーカーを制動するダンピングファクターの確保、といったことである。これらをあるていど以上満足させられれば、「いい音のするオーディオアンプ」は作れる。目標が数値的に決まっているので、それを満足させる回路設計もおのずと理論通りに進められ、それほどの迷いもない。

　さらに、もう一段グレードの高いオーディオを目指す場合は、以上の数値に加え、さまざまな秘訣が取り入れられる。真空管アンプでいえば、使う真空管のトーンキャラクタであるとか、回路方式で生まれる個性とか、部品の選定とかであるが、こちらはいずれも数値的に解決ができないことが普通である。ここに来て初めてアンプビルダーの嗜好のようなものが入り込むようにも思う。

　一方、ギターアンプでは、数値的なものは出力ワット数のひとつしかないのが面白い。いい音のするギターアンプを、数値を頼りに合理的に設計する道はほとんど無いのである。したがって結局、先人が積み重ねた経験則や、自身の経験を指針にすることが、決定的に必要になる。たとえば、人が楽器を演奏するときには、先人の経験と自身の練習で腕を磨いて行くわけだが、ギターアンプの設計製作は、それとちょうど同じ構造をしていることに気づく。

　僕は、真空管オーディオアンプを 3、4 台設計製作したころからギターアンプへ転向して、そのままなのだが、それでも台数は少ないものの、オーディオアンプも作ってはいる。最近もひとつ作ったが、ギターアンプ歴が長いせいで、オーディオアンプも楽器を作るようなつもりで設計していて、最初にオーディオアンプを作ったときと、自分もずいぶん変わったなあ、と思った。

Making my Tube Guitar AMPLifier 2

解説編

2-0. 解説編まえがき
2-1. バイアス調整
2-2. パワーアッテネータ
2-3. 真空管の挿し替え
2-4. Soldano型ハイゲインアンプの解析
2-5. 小信号増幅とノイズ
2-6. トーンコントロール
2-7. オカルトについて
2-8. LTspiceでシミュレーション
2-9. アンプの測定

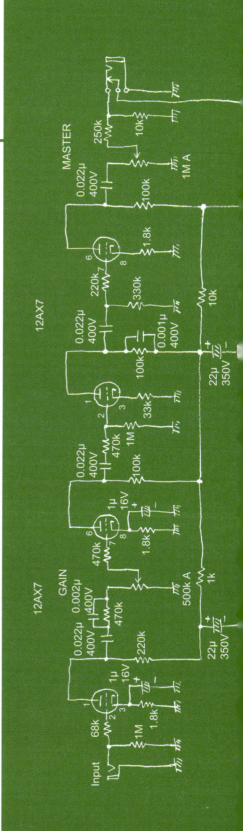

2-0 | 解説編まえがき

　前著では、真空管増幅回路について技術的な原理をかなりの分量で紹介した。ここでは、原理解説も織り交ぜてはいるが、むしろ、あれこれと実際にギターアンプを扱ったり、作ったり、調整したりする中で役立つ、いろいろな実践的知識について解説している。

　内容をざっと紹介しておこう。まず、パワー管を交換した後に必要なバイアス調整、そして、家弾きするためにアンプのパワーを落とすパワーアッテネータの知識、真空管の差し替えをするノウハウ、ハイゲインアンプで名高いSoldanoアンプの解析と製作、ノイズの少ないアンプを作るノウハウ、前著から引き続きトーンコントロール回路の詳細解説、世にいうオカルトについての真面目な解説、コンピュータで真空管回路をシミュレートする方法、そして、アンプを測定する方法についての解説、と盛りだくさんである。

　この解説記事には、表題のメインの内容だけを説明するだけでなく、いろいろな実践的な知識の紹介も散りばめているので、これを読んで、ぜひ、ひとレベル上のギターアンプ知識を身に付けて欲しい。

2-1 バイアス調整

　真空管を交換したらバイアス調整が必要だ、ということはよく聞くであろう。ギターアンプがなんらかの不調で、音が小さくなってしまったり、変なノイズが出たり、などなどの症状が出たとき、まず疑うのはパワー管がダメになってしまったことで（そのほかの原因もたくさんあるので、それについては3章を参照のこと）、そこで交換してみるというわけだ。それで直ってしまえばよいわけだが、実は真空管を交換した後にバイアス調整をしなければ、アンプは正しい状態にならない。ちなみにプリ管の交換ではバイアス調整は不要で、これはパワー管のときに問題になるだけである。では、パワー管のバイアス調整はどうやってやるのか、誰でもできるものなのか、そして、そもそもバイアスはなぜ調整しないといけないのか、などなどの疑問にここでは答えてみることにしよう。

■ バイアスとはなにか

　まずはじめに、真空管のバイアスとは何かについてちょっと詳しく説明しておこう（前著にさらに詳しい説明がある）。図1を見て欲しい。これは12AU7の増幅回路で、バイアスとはグリッドにかけるマイナスの直流電圧のことをいい、ここでは-4Vを与える小さな電池（乾電池でいい）が使われている。真空管で信号を増幅するには、このバイアスのマイナス電圧がどうしても必要で、無いと信号は歪んでしまうのである。ちなみに直流の電源（この場合電池）の抵抗分はゼロで、入力に加えた信号は、470kΩの抵抗（グリッド抵抗という）を通してグラウンドへ流れる。

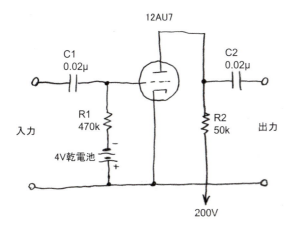

図1　バイアス説明用の12AU7の電圧増幅回路

そして図1のプレートには50kΩの抵抗（プレート抵抗とか負荷抵抗とかいう）がつながっていて、もう片側は200Vの直流電源につながっている。この図1の回路はこのまま動作する電圧増幅回路である。そして、図2が、真空管のプレート電圧とプレート電流の関係を表したEp-Ipカーブ（Ep-Ip特性）というものである。このEp-Ipカーブは真空管の規格表にほぼ必ず載っている（真空管規格表についてはこのサイトが秀逸である：https://tubedata.edebris.com/）。図を見てのとおり何本も線が引いてあるのは、Ep（プレート電圧）とIp（プレート電流）の関係を表す曲線は、グリッドにかける電圧Egによって異なるからである。そして、図2に引いた直線が、50kΩの負荷抵抗によるプレート電流とプレート電圧の関係を表していて、この直線とEp-Ipカーブの交点が、図1の回路の真空管の動作点、ということになる。

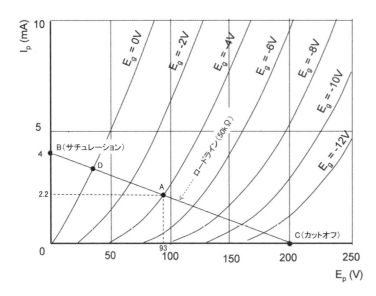

図2　図1の回路のEp-Ipカーブ

たとえば、グリッドに-4Vをかけたとすると、A点が動作点になり、このときのプレート電圧は93V、そしてプレート電流は2.2mAと決まる。そして、B点はこれ以上プレート電流が増えない点で「サチュレーション」と呼び、C点はプレート電流がこれ以下に下がらない点で「カットオフ」と呼ぶ。

ちなみにこの図では、グリッド電圧が0Vまでの曲線しか描かれていないが、実はグリッド電圧がプラスになっても真空管はちゃんと動作する。しかし、グリッド電圧がプラスの領域はふつう使わない。前著に詳しいのであまり深入りはしないが、グリッドがプラスになると、グリッドに電流が流れ込み、真空管自体の動作状態がグリッド電圧ゼロを境にして大きく変わってしまう。グリッドがマイナスの領域では真空管の入力インピーダンスは無限大だが、グリッドがプラスになると入

力インピーダンスががくんと急に下がるのである。そのため、ふつうの増幅回路でグリッドがプラスになると、その時点で信号が歪んでしまい、使いものにならず、そのせいで通常、グリッド電圧=0VのD点をサチュレーションとして扱うことが多い。

というわけで、真空管はこのサチュレーションとカットオフの間で使うことになる。図1の回路で信号がグリッドに加わると、図3のようにバイアスの-4Vを中心に上下に信号に振れる。そうすると、プレートには見てのとおりのほぼ同じ形の信号電圧が現れる。この図では、グリッドに4Vp-pの信号を加えると、プレートには52Vp-pの信号が出ている。したがって、この増幅器は入力を52/4=13倍にする回路で、ゲインが13の電圧増幅器ということになる。これが電圧増幅の原理である。

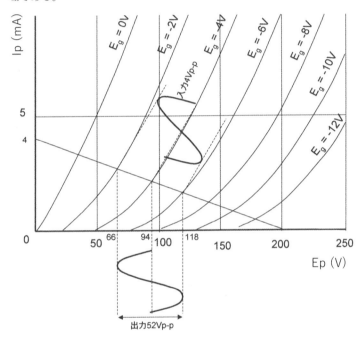

図3　電圧増幅の原理

そして、このバイアスの電圧を-4Vからいろいろ変えて行くと、図4のようになる。見てのとおり、バイアス電圧がB点のように高すぎると（バイアスが浅い、と表現する。ここでの場合のバイアスは0V弱）サチュレーションにひっかかり、信号の上半分が潰れてしまう。逆にバイアス電圧がC点のように低すぎると（バイアスが深い、と表現する）カットオフにひっかかり、信号の下半分が潰れてしまう。見て分かるように、バイアス電圧はサチュレーションとカットオフの真ん中のたとえばA点にすると良さそうである（これをA級と称する）。歪がもっとも少ない状態で、大きな信号まで扱えるからである。

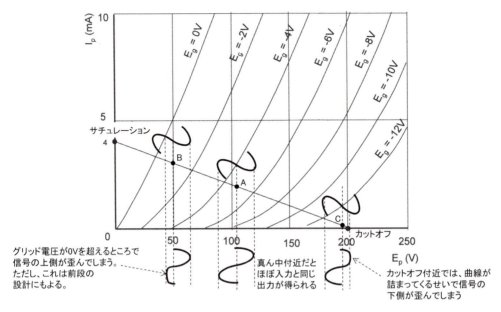

図4　バイアスによる信号出力の変化

■ バイアスのかけ方

　バイアスのかけ方には、固定バイアスと自己バイアスの2種類がある。図1は実は固定バイアスである。図1では-4Vの乾電池を使ってバイアスをかけているが、真空管回路の場合、AC100Vからバイアス用のマイナス電源をわざわざ作って供給する。このバイアス電源のところには電流が流れないので乾電池でもいいのだが、長年使っていると電池が減ってバイアスがずれるので、ちゃんとマイナス電源を作るのである。

　一方、もうひとつの自己バイアスは図5のようになっている。カソードに抵抗と電解コンデンサがつながっている。この回路では、だいたい図2のA点の-4Vのバイアスがかかるように作られている。図2のA点では、プレートに2.2mAの電流が流れる。これはそのままカソードから流れ出し、カソードの1.8kΩの抵抗の両端におよそ+4Vの電圧が発生する（2.2 × 1.8 = 3.96 ≒ 4）。したがってカソードの電位は+4Vになる。一方グリッドは470kΩのグリッド抵抗でグラウンドに落ちていて、ここには電流は流れない。グリッドに電流は流れないし、前段とはコンデンサで分離されているからである。したがって、グリッドの電位は0Vになる。ということは、カソードを基準にするとグリッドに-4Vのマイナスの電圧がかかっていることになり、これがバイアスになるのである。カソード抵抗でバイアスを作ることから「カソードバイアス」とも呼ぶ。

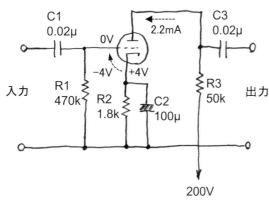

図5　自己バイアス（カソードバイアス）を使った電圧増幅回路

■ パワー段でのバイアス

　ここまでは電圧増幅回路におけるバイアスの話で、真空管ギターアンプでいえばおなじみの12AX7とかを使ったプリ管の動作の話になる。では、本章のメインであるパワー管ではどうかというと、基本的には、パワー段であっても同じである。バイアスの原理も同じだし、固定バイアスと自己バイアスの2種類あるのも同じである。図6に例として6V6GTを使った電力増幅回路をあげる。電圧増幅との違いといえば、図のように、負荷抵抗の代わりに出力トランスが入ることだけである。あと、6V6GTはビーム管（5極管に準ずる）なので、スクリーングリッドに電圧を加えないといけない。

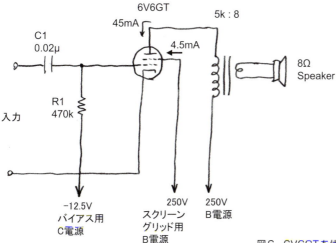

図6　6V6GTを使った電力増幅回路（固定バイアス）

図7は電力増幅の時のEp-Ipカーブである。ロードラインの引き方は負荷が抵抗のときとちょっと変わる。というのは、トランスはコイルなので、直流はほとんど通し、交流信号ではインピーダンス（交流に対する抵抗分）を持つからである。トランスの原理は前著に詳しいのでここでは説明しないが、信号に対するインピーダンスの値は、使うトランスに印刷されている仕様のとおりと思っていい。1次側が5kΩで2次側が8Ωの出力トランスなら、パワー段の負荷のインピーダンスは5kΩということである。そして直流に対してはどうかというと、出力トランスの場合、普通、数百Ωである。これは交流のときよりだいぶ小さいのでとりあえずゼロとみなしてしまってロードラインを引く。6V6GTでロードラインを引いて、6V6GTのデータシートにある推奨動作点をプロットすると図7のようになる。A点がここでのバイアス点である。ここでEp-Ipカーブがさきほどの12AU7とだいぶ形状が違っているのが分かる。これは3極管か5極管（あるいはビーム管）かの違いである。

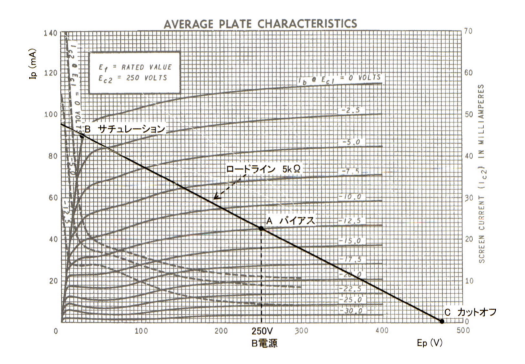

図7　6V6GTによる電力増幅の時のEp-Ipカーブを使ったロードライン

　図7を見ると、いい感じで電源電圧250Vのとき、真ん中へんにバイアスが来ているのが分かる。バイアスのかけ方が固定バイアスなら、-12.5Vの直流電源を用意して図5のようにする。バイアス

が自己バイアスなら、カソードが+12.5Vになるようにカソード抵抗の値を決めることになる。この場合、プレート電流とスクリーングリッド電流は合算されて、カソードからカソード抵抗に流れる。ここではプレート電流が45mAで、スクリーングリッド電流が4.5mAなので、足して49.5mAがカソード抵抗に流れる。したがって、カソード抵抗の値は次のように簡単に計算でき、回路は図8のようになる。

R2 ＝ 12.5V / 49.5mV ≒ 250 Ω

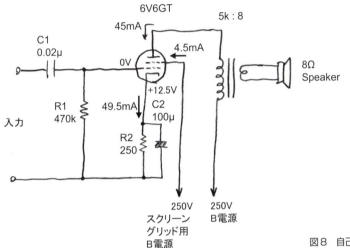

図8　自己バイアスを使った電力増幅回路

■ パワー管を替えた時のバイアス調整

　さて、だいぶ前置きが長くなってしまったが、パワー管を替えたときにバイアス調整をしないといけない、というのは何かという話である。これはひとえに、真空管というのは6V6GTなどという型名が同じでも、その特性にかなりのばらつきがあり、個体によってだいぶ違っていることによる。同じものなら調整する必要があるわけがない。つまり、パワー管を替えるとバイアスが狂ってしまうわけで、したがって要調整ということになる。
　バイアス調整といっても、何をどう調整するのか先にはっきりさせておこう。これは、入力に信号を加えないとき、真空管のプレートに流れる電流の目標値が決まっていて、その電流値になるようにグリッドにかけるマイナス電圧を調整するのである。プレート電流の目標値については後で説明する。

さて、自分の使っているギターアンプでパワー管を自分で替えるとき、まずしないといけない
のは、回路図をゲットすることである。さいわい、今では、アンプの型名さえわかればほとんど
の回路図はネットで手に入る（たとえば「Fender Champ 5F1 schematics」という感じで、真空管
の型名のあとにschematicsを付けて検索する）。回路図を見て、まず、パワー管が固定バイアスな
のか自己バイアスなのか確認する。カソードとグラウンドの間に抵抗と電解コンデンサがつながっ
ていれば自己バイアスである。自己バイアスは、たとえば、1955年より前に製造されたFenderツ
イードのすべて、1950年代後半のFender Deluxe、ツイードのPrincetonとChamp、そしてVOX
のAC30、初期のGibsonアンプなどで使われていて、ギターアンプの初期に使われている。その後、
ほとんどのアンプが固定バイアスに変更されている。

　なぜかというと、固定バイアスの方がでかい音がするのである。逆に自己バイアスはでかい音を
出したときコンプレス（圧縮）がかかり、そのせいで伸びのあるいい感じのディストーション・サ
ウンドにはなるが、音のでかさがイマイチである。1960年ぐらいに入って来ると、そろそろアン
プの音のでかさを競うハイパワー志向になって来る。果ては1960年代後半にジミ・ヘンドリック
スのようなミュージシャンが現れて、キャビネット2段重ねのMarshallを3台使って巨大ホールで
爆音演奏する時代になるわけで、そのころにはほとんどのアンプがでかい音を出すために固定バイ
アスに変わるのである。

　アンプが自己バイアスだった場合、一般的に言って、真空管を交換してもバイアス調整はしなく
てOKである。と、言い切るのは（うるさい人がいるので）少し危険だが、自己バイアスは固定バイ
アスより変動に強く、真空管の特性が多少変わっても、あるいは電源電圧が多少変わっても、バイ
アスは固定バイアスほど変動しない。どうしてもプレート電流は決まりのmAじゃないと絶対にイ
ヤだ、という場合はもちろん調整してOKだが、その場合、プレート電流の大きさを見ながら、カソー
ド抵抗の値を変えて調整する。カソード抵抗は基板や端子にハンダ付けされているので、それを外
しての作業になり、なかなかに大変である。

　一方、アンプが固定バイアスだった場合、真空管を交換したらバイアス調整をした方が無難であ
る。では、バイアス調整しなかったらどうなるのか、真空管が壊れたりするのか、と言われれば、
ふつうはそういうことはなく、交換してもあっさりと使える。実は後で説明するが、バイアスの値
にはかなり大きな幅があって、真空管の特性が多少ずれていても、ずれたバイアスのままふつうに
使えてしまうのだ。ただこれは自己バイアスほど安全ではないので、固定バイアスの場合、バイア
ス調整するのが一般的である。

　そうなったとき次にするのは回路図を確認して、パワー管のバイアスが調整できるようになっ
ているか否かを見る。パワー管のグリッドへ供給するマイナス電源のところにポット（ポテンショ
メータ：可変抵抗）が付いているか否かである。回路図に付いていれば、実物にもポットが付いて
いるはずなのでそれを探す。ふつう、マイナスドライバで調整できる半固定抵抗が使われている。
たとえば、Fender Twinのすべて、1956年以降に製造された、Deluxe、Bandmaster、Pro Amp、

1954年以降のBassman、Marshallなどのすべてのアンプにはバイアス調整が付いている。

　それでは、固定バイアスなのにバイアス調整の機能が無い場合はどうするか、であるが、これはいろいろ方法はあるが、基本、基板や配線をいじったりハンダ付けをしないといけなかったり、という作業が入るので、大変である。たとえば、いまけっこういろんなライブバーにも置いてあるFender Blues Juniorにはバイアス調整機能は無い。その場合、どうするかというと、回路変更が必要ない唯一の方法は、同じ型名の真空管をたくさん用意して、バイアスを測りながら交換して、いちばん目標のバイアス値に近い球を選ぶことである。Blues Juniorであれば6BQ5 (EL84)をたくさん買わないといけないわけで、お金もかかる。

　Blues Juniorのサービスマニュアルを見ると、Fender社でテストされ選別された6BQ5を使うか、ディーラーに相談してください、とある。Fenderのアンプで使う真空管を供給しているGroove Tubesという会社では、Blues Juniorの固定のバイアス電圧で、適正なプレート電流が流れる球を、たくさんの球を測定して選別して、Blues Junior用パワー管として用意しているのである。なので、それを買って交換すればいいのだが、当然、生の真空管を買ってくるよりお値段は高くなるし、お目当ての製造元の6BQ5を使うこともできない。

　Fender純正のGroove Tubesを使うのがイヤな場合、ここからあとはいわゆる自己責任になる。かく言う僕ならどうするか、というとあっさりと6BQ5を買ってきて差し替えてバイアス調整をしないと思う。6BQ5の標準的なバイアス電圧はグリッドにかかっているわけで、あとは球の特性のずれでバイアスが多少ずれるだけで、そんなのたいして大きくない、と高をくくるせいである。このへんは極めて性格の出る話で、きちんと調整されていないとどうしてもイヤだ、という人はこの章全体をよく読んで、ぜひバイアス調整にチャレンジして欲しい。

■ バイアス調整のしかた

　バイアス調整はプレート電流を読むことだ、と書いた。ではプレート電流はどうやって測定すればいいかである。三種類ほど方法があるので以下にひとつひとつ解説する。なお、自己バイアスのときはカソードにつながっている抵抗の両端の電圧と抵抗値から計算してプレート電流を計算してもよい。

● トランスシャント法

　この方法がいちばん簡単だと思う。図9のように、デジタルテスターを用意し直流電流測定モードにして、その赤いプローブを測定したいパワー管のプレートにつなぎ、黒いプローブを出力トランスのB電源につながっているところにつなぐ（デジタルテスターの場合、赤と黒が逆でもマイナスで表示されるだけで問題ないが）。こうすることでプレート電流を直読できる。これでなぜ直読できるかというと、トランスの1次側の直流抵抗分はふつう数百Ωで、テスターの直流電流測定モー

ドではほとんど1Ω以下なので、B電源からプレートに流れ込む電流は、ほとんどテスターの方を通るからである。

注意点は、ヴィンテージなアンプでこの方法が使えない回路があることである。ただ、それほど数は多くない。たとえば、Fenderツイードの、Champ 5E1、Bandmaster 5E7やBassman 5E6は図

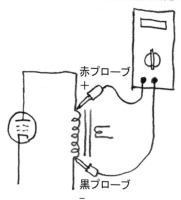

図9　トランスシャント法

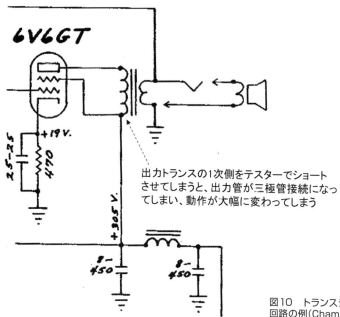

出力トランスの1次側をテスターでショートさせてしまうと、出力管が三極管接続になってしまい、動作が大幅に変わってしまう

図10　トランスシャント法が使えない回路の例(Champ 5E1)

10のように、スクリーングリッドが直接、出力トランスの下側につながっているが（スクリーングリッドと出力トランスの間になんらかの抵抗が入っていない）、このタイプにはこの方法は使えない。なぜかというと、出力トランスをシャントしてしまうと、パワー管の5極管（あるいはビーム管）が、回路的に3極管接続な状態になってしまい、パワー管の動作が大幅に変わってしまうからである。

それからもう一点注意は、トランスシャント法を使って測定しているときは、ギターをつないでも音は出ない、あるいはプッシュプル回路だとシャントしていない片側の真空管からしか音が出ないので、測定中は音出しチェックできない。

● プレート抵抗法

これは要ハンダ付けだが、図11のように、プレートにつながっている線（出力トランスにつながっている）を外し、そこに1Ω 1/2Wの抵抗を挿入し、その抵抗の両端の電圧をデジタルテスターの電圧測定モードで測定する。プレート電流は数十mAなので、オームの法則から、この1Ωの抵抗の両端には数十mVの電圧が出る。したがって、テスターのmVをmAに読み替えてプレート電流が直読できる。トランスの直流抵抗は数百Ωだし、1Ωであれば回路に影響はほとんどない。注意点は、抵抗値の誤差がそのまま読み取り誤差になるので、1Ωが正確に1Ωじゃないとまずい。複数の1Ω抵抗を用意してテスターで測ってだいたい1％以内に収まっている1Ωを選んで使う。この方法が良いのは、トランスシャント法と違い、バイアス調整しながらギターを弾いて普通に音が出せるところである。

それから、この方法では、この1Ωの抵抗をつけっぱなしにしてアンプを使っても大丈夫である。実際、そのようにした状態で、電圧測定メーターをつけて、常にバイアスをモニタリングできるようにしたオーディオアンプなども存在する（その場合はカソードの方に1Ωをつけることもある）。

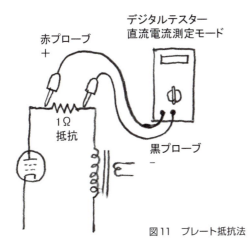

図11　プレート抵抗法

カソードには、プレート電流とスクリーングリッド電流が合算された電流が流れる）。が、しかし、ギターアンプではこれを見たことが無い。それに、余計なものが付きっぱなしになっているのは気持ち悪いともいう人もいるだろう（僕がそれ）。

● 直接測定法

　これは直接プレート電流をテスターで測定する方法で、図12のように、プレートにつながっている線を外し、テスターの直流電流測定モードで、赤いプローブを外した線につなぎ、黒いプローブをプレートにつなぐ。これも音出ししながらバイアス調整できる。

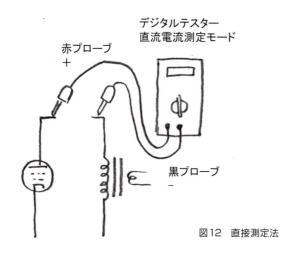

図12　直接測定法

■ プレート電流をいくら流すか

　以上、長々と解説してきたが、そもそもプレートにはどれぐらい電流を流すのか、それは自分のアンプの場合どうやって調べるのか、あるいは、プレート電流値は厳格に決まっているのか、などが疑問になるだろう。

　先に言っておくと、バイアス調整にはかなりの幅があり、これが絶対正解というものは無い。それからアンプメーカー推奨の標準プレート電流値というものの提示は、ふつうは無い。というわけで、基準もあまりなく、心もとない話なのだが、ただ、超えてはいけない上限と、超えない方がいい下限というのはあり、その範囲内ならわりと自由である。そして、バイアスの深さは最終的な音を変えるので、たしかにどこにセットアップするかは重要である。特に、アンプを大きな音で鳴らした時に影響すると思われ、小さい音で弾いているうちはパワー管のバイアスによる音の違いは少ないと思う。ただ、このへんはかなり主観の入るところで、一概には言えず、最終的にはめいめい

自分の耳を信用してください、としか言えない。

さて、まずは、アンプのパワー段がシングルかプッシュプルかで話が変わるので、それを回路図でチェックする。パワー段がシングルのものは10W以下のChampなどの小さなアンプで、ほとんどの場合、自己バイアスなのでバイアス調整は必要なく、ここではプッシュプルの方の話をしよう。

まず、プレート電流が超えてはいけない上限と下限の話をしよう。まず上限だが、これは真空管の特性のひとつに「プレート損失」というものがあり、これが上限になる。プレート損失は、プレートにかかる電圧(V)とプレートに流れる電流(A)を掛け算した値(W)で、真空管の中で消費される電力に真空管がどれだけ耐えられるかという値である。たとえば、Bassman 5F6の回路図を見ると、B電圧（トランスの中点に供給され、トランスで若干電圧が下がってプレートにかかる）の電圧が432Vとある。使われているパワー管は5881で、規格表を見るとプレート損失(Plate Dissipation)が23Wになっている。ということは23 (W) / 432 (V) = 0.053 (A) = 53 (mA)がプレートに流せる電流の上限ということになる。

それから、実際にはスクリーングリッド損失という上限もある。プレート電流が増えると、このスクリーングリッド電流も増え、ある値を超えるとスクリーングリッド損失に引っかかる。ただ、ふつうの回路を使っていれば、プレート損失を抑えればだいたいの場合、スクリーングリッドが過大になることは無いので、あまり気にしなくてよいかもである。きちんとした人はスクリーングリッド損失も見ておいたらいい。

次は下限だが、下限にはプレート損失のような明確な指標はないのだが、バイアスを深くすればするほど（マイナス電圧を上げるほど）、入力信号がカットオフにかかって、下側が潰れたようになる。プッシュプル回路では、実は、図13に示すように、下側が潰れても、出力トランスで合成されるせいで潰れが打ち消される。この時の動作をAB級と言い、カットオフに完全にかかって信号の下側がぜんぶ無くなるとB級と言う。ギターアンプはふつうAB級で動作するように調整するのが普通で、B級のカットオフまで行かないようにするが、通常のアンプならカットオフはだいたい10mAていどの値になり、これが下限になる。B級に近くなって行くと普通は出力トランスでの波形合成がうまく行かず、歪むようになる。逆に、前述したプレート損失の上限にバイアスをセットするとA級のプッシュプルに近づいて行く。

では具体的にはどうかというと、これはGerald Weberさんからの情報だが、目安的にいうとプレート電流は10mAから50mAぐらいの間にセットすればよく、特に6V6や6L6系のパワー管ならばだいたい35mAぐらいがちょうどいい。ただ、6L6よりハイパワーな6550(KT88)やEL34(6CA7)などでは75mAぐらいを上限に流すこともある、とのことだ。音の特徴としては、バイアスを上限（A級）に近づけると、音が太くて歪みやすくなり、バイアスを下限（B級）に近づけると、音が痩せてクリーンな感じになる、ということは言えるようである。結局、パワー管になにを使っていても、まずは35mAを目安にして前述のプレート損失超過とカットオフに気を付けながら、実際にギターで大きな音を出しながら、耳を使ってポイントを探るのがいちばんよいと思う。

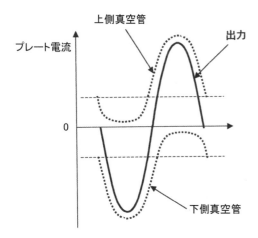

図13　AB級電力増幅の出力トランスでの波形合成の様子

2-2 | パワーアッテネータ

　アパートの一室に住んでいるけどFenderのデラリバ持ってます、とかMarshallの62年プレキシ持ってます、という人がけっこういる。レイボーンやジミヘンのようにフルで鳴らすのは、アパートでは不可能であろう。というわけで、アンプの出力を落とすパワーアッテネータというものが登場する。これがあれば、アンプをフルテンにして50Wとか出ていても、スピーカーから鳴る音は0.5Wとかにすることができる。

　本書の作例の最初にミニチャンプを出したが、あれは正規のChampの6V6GTのところ、同等品の6AQ5を使って電源電圧を低めにしたが、それでもフルテンで3Wは出る。たった3Wだがやってみるとかなりの音量で、アパートでフルで弾くとふつう苦情が来る。そこでこのパワーアッテネータを付けてやれば、音を小さくできる。

　ここでは、このパワーアッテネータについて原理も含めていろいろ解説して、上述のミニチャンプを部屋弾きできる回路もご紹介しよう。

■ 市販のパワーアッテネータ

　スタンドアローン（外付け機器）のギターアンプ用のパワーアッテネータは、いろいろ売られている。電源を必要としないパッシブタイプから、要電源のアクティブタイプまで、アッテネータ機能だけでなく、ヘッドフォンとか、ラインアウトとか、音質調整とか、ダミーロードとかごちゃごちゃいろいろ付いているものまである。まず、これら製品の問題は、庶民にとってすべてお高いということだ。ざっと見てもすべて数万円以上する。そもそも高価なMarshall 100Wのアンプで使いたいなら分からぬでもないが、いちばん小さいチャンプをさらに音を小さくしよう、なんていうことに何万円も使いたくないであろう。だいたい自作のアンプ本体の費用より高いではないか。

　というわけで自作しようということになる。実はパッシブタイプのアッテネータの回路は極めて簡単なのである。複雑にしようとすればいくらでも複雑になるが、ここではいちばんシンプルなものを扱おう。

■ 原理

　まずは原理だが、もっともシンプルなパワーアッテネータは、L-Padという回路を使ったものである。L-Padなどというハイカラな名前が付いているが、要はそのへんの三端子のボリュームで音

を小さくするのと、基本は同じである。

　図1がその回路である。パワーアンプのスピーカー出力を入力に加えると、R1とR2の2つの抵抗がこれを分圧し、電圧の下がった信号でスピーカーが駆動されるというわけだ。この点線部分をL-Padと呼ぶ。ここでのL-Padだが、ひとつ特徴があり、アンプ側から見たとき、L-Pad回路とスピーカーを含んだ全体のインピーダンス（交流における抵抗値）が8Ωになっているということである。つまりアンプ側から見ると、8Ωのスピーカーをつないでいるのと同じに見える、ということである。そうしないとアンプ側が設計通り動作せず、音が変わってしまう。もちろんこれは、アンプの出力端子が4Ωなら4Ω、16Ωなら16Ωに見えないといけないので、R1とR2をそれ用に調整する（ここでは仮に8Ωで話を進める）。

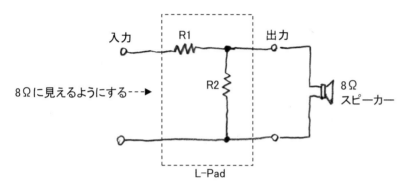

図1　L-Padによるパワーアッテネータ

　では、R1とR2をどのように選べば、所望のパワーダウンが得られて、しかも入力インピーダンスが8Ωになるかである。計算過程はちょっと厄介なので、結果だけ下に示そう。ここでkはパワーを落とす倍数で、たとえばパワーを1/10にしたければk=0.1で計算する。また、もしアンプ出力が8Ωじゃなくて4Ωだったら次式の8を4にする。16Ωなら16、以下同様である。

$$R1 = 8(1 - \sqrt{k})$$

$$R2 = \frac{8\sqrt{k}}{1 - \sqrt{k}}$$

それではこの式を実際に使ってみよう。1-1章のミニチャンプの出力を3Wから0.3Wの1/10にしたいとしよう。計算すると以下のようになる。

$$R1 = 8\,(1 - \sqrt{0.1}\,) = 5.5\,\Omega$$

$$R2 = \frac{8\sqrt{0.1}}{1 - \sqrt{0.1}} = 3.7\,\Omega$$

このように簡単に計算できる。次の問題は、この二つの抵抗のワット数がいくらかである。これは、またまた厄介な計算をすれば求められ、結果は以下である。P1(W)がR1で消費されるワット数、P2(W)がR2で消費されるワット数、kは前式と同じパワーの係数、P0(W)はアッテネータが無いときのアンプの出力である。

$$P1 = P0\,(1 - \sqrt{k}\,)$$

$$P2 = P0\,(\sqrt{k} - k)$$

これを使ってワット数まで計算すればミニチャンプの場合、以下の抵抗を使えばいいことになる。ここではアンプのインピーダンスの8Ωは式に出て来ないので不要である。では、計算してみよう。

$$P1 = 3.0\,(1 - \sqrt{0.1}\,) = 2.05\text{W}$$

$$P2 = 3.0\,(\sqrt{0.1} - 0.1) = 0.649\text{W}$$

抵抗のワット数はディレーティングといって余裕を持たせるもので、ふつうは消費電力の3倍ぐらいの定格の抵抗を使う。しかし、この場合、常にフルテンで弾きっぱなしということもないだろうし(そういう人もいるが)、2倍ていどでいいのではないかと思う。というわけで、R1は5.5Ω 5W、R2は3.7Ω 2Wぐらいにしておけばいいであろう。ワット数は経験によるので、目安である。万全を期すタイプの人は3倍以上に設定して欲しい。

■ ツマミでパワーを変えたい

　ボリュームポットのようにツマミで連続的にパワーを変えたい、という場合はどうするか。この場合はR1とR2を連続的に変えるが、そのとき、アンプから見たインピーダンスが変わらないようにしないといけない。一見、ふつうのボリューム（ポット）を使えばいいように思えるが、この式から言ってそうは行かない。なので正規に式を満足するように作るには、図2のように二つの可変抵抗を組み合わせて作ることになる。そして、この2つのポットの値が式を常に満たすように、ポットの抵抗体をコントロールして製作すればいい。市販のパワーアッテネータ用の可変L-Padは、実際に2つの可変抵抗（巻き線抵抗）を使って、なるべく8Ωを保つようにしているようである。

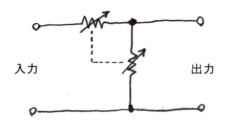

図2　パワーを連続的に変化させたいとき

　この、パワーアッテネータ用の専用ポットは市販品で、たとえば8Ω用100Wのものが数千円で売っている。これを使って単純に図3のようなものを作れば、ツマミで連続的に音量を変えられてとても便利である。ここでポットの品名（L-Pad AT-62-MO 100W 8 Ohm）を書いたがこれは外国製で、なぜか日本の電気屋で扱っているところが見つからなかったけれど、同等品がどこかにあるだろう。なければ輸入で購入すればよい（送料が高いが）。あるいはオーディオ用途であれば見つかると思う。あと、このアッテネータの仕様を見てみると、入力のインピーダンスが8Ω±20%と書いてあり、かなり変動することが分かる。ただ、普通の耳の持ち主なら、負荷が20％変わっても、聴感上、まず分からない。

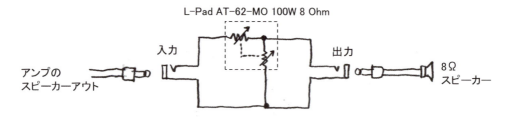

図3　市販の専用ポットを使ったパワーアッテネータの回路図

■ 出音はどうなるのか

　アッテネータで音量を小さくしたら、アンプをそのまま爆音で鳴らした音と同じ音が小さい音量でスピーカーから出て来るか、というとそういうことは無い。音は必ず変わってしまうので、そこは、家弾きギタリストは妥協せねばならない。では、なぜ変わってしまうのか以下に述べてみよう。

　まず、現実のスピーカーのインピーダンスは信号の周波数によってかなり激しく変化する。図4に実測の一例をあげる。まず、スピーカーのボイスコイルはコイルなのでインダクタンス（交流に対する抵抗値）というものを持ち、これは周波数が高くなるにつれそのインピーダンスが大きくなって行く。もう一つは低音の付近にある大きなピークで、これはスピーカーの機械的な共振周波数である。真空管ギターアンプでこういうものを駆動するとどうなるかというと、インピーダンスが高いと大きい音になる性質があるので、高い音ほど音量が大きく、低音の共振周波数のところでも音量が大きくなる。エレキギターの場合、低音弦のリフが強調され、高音弦でのチョーキングとかも強調され、ギタリストの耳には「いい音」に聞こえるのである。しかし、ここにパワーアッテネータを入れてしまうと、このインピーダンスは8Ωでほぼほぼ一定になってしまう。結果、平板な音になってしまうのである。高音強調が効かなくなるせいで、こもった音に聞こえてしまうこともある。

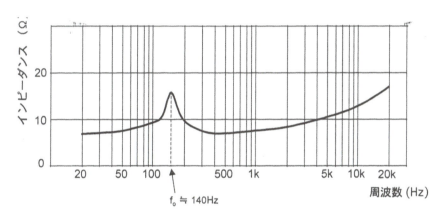

図4　実際のスピーカーのインピーダンス変化

　というわけで、市販のパワーアッテネータでは高音を強調する回路を付加して、こもった音をおぎなえるようにしたものもある。簡単な高音強調の回路の例を図5に載せておこう。4.7μFのコンデンサは標準値で、実際はできれば1μFから10μFぐらいの間で付け替えて好みの音にするのがよい（容量を大きくするほど高音強調が大きくなる）。ここで注意だが、この高音強調回路はギターアンプで言うところのBrightに相当し、音量ポットが最大のところでは高音強調は効かない（前著参照）。調整するときは、音量は真ん中かそれ以下で、音量をいろいろ変えながらコンデン

サの値を決める。それからコンデンサ選びの注意点としては、ここは数ボルトていどの交流電圧がかかるところで極性がプラスマイナスに振れるので、極性のある電解コンデンサは使えない。4.7μFと容量が大きいので、無極性電解コンデンサとか使いたくなるが、無極性電解コンデンサも交流での使用は推奨されていない。なので出来れば、大きく高くなるがフィルムコンデンサの大容量物などを使った方がいいと思う。

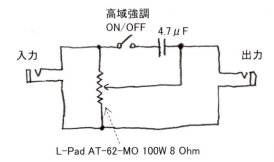

図5　高域強調付きのパワーアッテネータの回路図

それから、ギターアンプはスピーカーだけでなくキャビネットも含めて音作りをしている。特に大出力のアンプで大きな音を出したときは、箱の振動により出音はだいぶ変わる。さらに大音量のとき「箱鳴り」と一般に言われている現象があらわれ、箱全体が大きく振動してワイルドな音が出る。ジミ・ヘンドリックスの演奏がまさにそれだが、あの独特な濁ったような暴力的な音は、箱鳴りがないと再現されない。当たり前の話だが、アッテネータで音量を小さくしてしまえば、箱鳴りなんかするはずもなく、キャビネットを含めたアンプのトーンキャラクターは再現されない。

■ ミニチャンプにアッテネータを付けよう

それでは最後に、1-1章（9ページ）で製作したミニチャンプにアッテネータを付けて、アパート家弾きアンプにするべくパワーを激しく落とすことを考えてみよう。これまで説明したL-Padを付ければいいのだが、ここではちょっと手抜きな別の方法を紹介してみようと思う。

回路は図6の通りである。この抵抗値でパワーがだいたい1/10になり、ミニチャンプの3Wフルテンが0.3Wで鳴らせる。見ての通り回路がL-padとちょっと違う。パッシブのアッテネータというのは結局、スピーカー以外に付いている抵抗でパワーを消費して熱にする回路で、どうやってもいいのである。この回路の特徴は、R1の8Ωを使って、アンプから見たインピーダンスをだいたい8Ωにして、あとはR2とスピーカーで信号を分担するやり方である。

図6 ミニチャンプ用パワーアッテネータ。減衰は1/10固定

　この方法は、パワーを大きく落とすときに使った方がいい。パワーを落とすときは、R1はそのままで、R2を加減して音量を決める。R2を大きくするほど音量が下がるので、音を出しながら値を決めればよい。ちなみに、この回路は、R2が72Ωと大きいせいで、アンプから見たときのインピーダンスが、R1の8Ωに見える（この回路では正確には7.3Ωぐらい）。しかしR2を小さくして行くとアンプから見たインピーダンスが下がり過ぎる。もちろん、きちんと回路解析すればR1とR2の値は正確に求まるが、そこまでする必要はないだろう。

　次に抵抗のワット数だが、R1の8Ωをだいたいアンプのパワー相当にしておけばいい。ここではミニチャンプの最大出力が3Wなので8Ω 5Wの抵抗でいいだろう。そして、R2の72Ωはわりと小さくてよく、1Wぐらいでいい。必要だったら、ここを100Ω 1Wぐらいのポットにして調整できるようにしてもいい。

　アッテネータはバイパスが必要なので、スイッチを付けた最終的なミニチャンプの回路を図7に上げておく。筆者の家練習用のミニアンプにはこれを付けたが、なかなか快適で、集合住宅住まいのギタリストに超お勧めする。

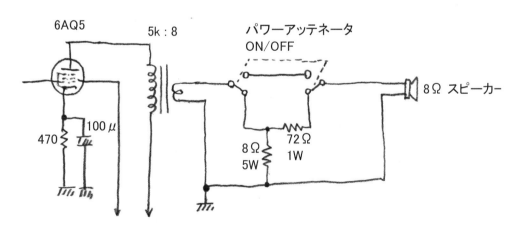

図7　パワーアッテネータを装備したミニチャンプの出力部の回路図

103

最後にひとこと注意だが、アンプ側をフルテンの状態にして、「おお！　これがパワー管の歪か！」とか言いながら、パワーアッテネータで出力を落として弾きまくっていると、当然ながら音は小さいけどアンプはフルテンで動作しているわけで、その結果、パワー管に負担がかかり続け、基本、球の寿命は短くなると思った方がいい。どれぐらいの負担になるかはなんとも言えない。パワー段の設計やバイアスによって変わる。かのジミ・ヘンドリックスのツアーでは、機材担当は常にパワー管を1ダース以上用意してツアーに臨んだらしいが、さもありなんである。ジミヘンだから許されるわけだが（笑）。

2-3 真空管の挿し替え

真空管アンプ特有の楽しみ方に、真空管をあれこれ挿し替えるというのがある。同じ型名だが製造元が違う真空管を挿し替えて、どこどこ製の球の音はどうで、ああで、と、オーディオでもギターアンプでもけっこう広くやられている。トランジスタやICなど半導体はだいたい基板にじかにハンダ付けされたりしているので、手軽に挿し替えるのは無理で、これは真空管ならではの楽しみ方と言えるだろう。

■ 挿し替えの方法

さて、真空管を挿し替えてもいい条件だが、以下をすべて満たしている必要がある。

(1) ピンアサインが同一
(2) ヒーターの電圧が同一
(3) ヒーターの電流が元の球の電流と同じかそれ以下
(4) プレートにかかる電圧、流れる電流が球の最大定格を超えない
(5) プレート損失およびスクリーングリッド損失を超えない

(1)は当然である。ピンアサインが異なると最悪、一瞬で真空管が壊れる。(2)も当然。許容できる電圧の違いは最大でも±10%ていどである。(3)は、実際にはヒータートランスの電流容量がどれぐらいかに依存する。トランスの電流容量が許すなら、電流値は元の真空管の電流を超えても大丈夫である。(4)は、プリ管の場合、オーソドックスな無理のない設計をしている回路ならだいたい大丈夫だが、パワー管の場合はそうも行かない。いずれにせよ、きちんとチェックが必要。(5)もパワー管での話で、プレートにかかる電圧と流れる電流を掛け算したワット数（プレート損失という）が定格を超えないこと。そして、スクリーングリッドについても同じく計算し、定格を超えないこと、ということである（厳密にはAB級の場合さらに事情は複雑で、興味のある人は前著の設計編を参照）。

以上の5項目はすべて、挿し替えても真空管が壊れないという条件である。しかし、壊れなくとも、挿し替えることで特性が変わる、時によってははなはだしく変わる、ということは当然起こるわけで、これまた当然、それに伴い音は変わるわけである。挿し替えて音の違いを云々するのは、そういう事情なわけだ。

それはともかく、以上5項目を満たしているとき、挿し替えのタイプは次のようになる。

(a) まったく同じ型名で、製造元が違う球　（例：Sovtek製、JJ製、China製など）
(b) 型名は同じだが、最後の添え字の異なる球　（例：12AX7、12AX7A、12AX7WAなど）
(c) 型名は異なるが、互換性のある球　（12AX7と7025など）
(d) 型名が異なり、完全互換性も無いが、挿し替えて大丈夫な球　（12AX7と12AT7など）

　(a)が一番広くやられている挿し替えである。回路の知識も、真空管の電気的特性の知識も、電気工作の知識がなくても、簡単に安全にできるからであろう。例えば、パワー管が6V6GTだとして、真空管ショップを調べると、Sovtek、Tung-sol、JJ、RCA、GEなどなどたくさん出回っているのが分かる。ロシア製、中国製などのように現在製造しているものもあれば、製造中止でストックのみの希少なもの、中古、などいろいろである。一般に、現在製造中のものは値段がリーズナブルで、ストックものは高い。特に名高い、たとえばWE (Western Electric)の球など骨董品扱いになっているものもある。

　余談だが、真空管オーディオアンプのパワー管でもっとも名高い300BというST直熱3極管があるが、これの本家Western Electric製のNew Old Stock（NOS：古くに製造され一度も使われずにストックされていた品）など、2本のペアで桐箱に入って30万円とかで売られていたりする。ついでに余談だが、なんとこの300Bはいま現在、日本でも復刻版が製造されていたりする。高槻電器工業という会社が、受注生産で一本一本手作りしている。さらに、なんと、かの本家Western Electricの名前を継いだ会社が300Bの製造販売とハイエンドオーディオ機器を手がけ、Western Electric社が業態を変えて復活している。アメリカでは300Bがすでに市場に出回っていて、日本からも購入できるはずである。お値段はさすがに高く、一本で10万円ていどである。

　余談はさておき、次の(b)だが、これはたとえば12AX7なら、12AX7A、12AX7B、12AX7WA、12AX7EHなど、最後にアルファベットの添え字がついたタイプである。これらは12AX7のバリエーションなので交換しても何の問題もない。その特性は基本的には大きく変わらないが、ものによっては特性がかなり異なっていて、動作点などはいくらか変わることがある。ということは、音もわりと変わる可能性があるということだ。

　(c)はいわゆる「互換球」というやつで、データシートを見るとその旨が載っていることがある。名前は違うけれど特性が同じ、またはだいたい同じで、そのまま挿し替えても問題が無いことが保証されている真空管のことである。たとえば12AX7だと、7025、6681、12DT7とかいろいろある。あと、真空管の型名にはアメリカ式とヨーロッパ式があって、まったく同じ球を違う名前で呼んでいる。たとえば、12AX7はアメリカ式の名前で、同じ球をヨーロッパ式ではECC83と呼ぶ。慣れてくると覚えるものだが、最初は戸惑う。よけいなことだが、自分はヨーロッパ式命名が好きじゃなく（カッコよくないから）、真空管はいつもアメリカ名で呼んでいる。だから、本書でもそうし

ている。

　(d)は、前にあげた挿し替え可能な5項目を満たしているけど型名が異なり、さらに電気的特性も異なる球である。この場合は、挿し替えても壊れはしないものの、指定の球と特性が異なるので、当然、元のアンプの設計の意図と違った動作点になる。音が悪くなる時もあるし（歪んでしまうとか）、望みの音になることもある。たとえば、プリ管の12AX7のところに、12AT7、12AY7、12AU7を挿し替えたり（それぞれ増幅率もバイアス点も異なる）、パワー管の6V6GTのところに6K6GTを挿し替えたり（最大出力が異なる）することである。あるいは、プレート損失などの定格を分かった上で、6V6GTのところに6L6GCを挿したり、KT66のところにKT88を挿したりすることもある。ただし、特にパワー管のこの手の挿し替えは、ヒーター電流、トランス容量、バイアス再設定などいろいろ考えておかないとトラブルになる。したがって、この手の差し替えは、回路動作を分かった上でやらないといけない。パワー管交換後のバイアス調整については2-1章で詳しく説明しているので、そちらをどうぞ。

■ 挿し替え事情など

　以上が真空管挿し替えについてだが、具体的な挿し替えについての詳細はここでは省略する。そうした情報はインターネット上にたくさんあるので、そちらを参照して頂きたい。海外の英語のサイトまで含めるとかなりの量の情報が出回っている（英語ではTube Rollingというらしいので検索してみよう）。で、これら球の挿し替えによる音の違いだが、その手の情報サイトに、まともなものから怪しげなものまでたくさん記述が見つかるので、まずはそれを覗いて、その世界に浸ってみてはいかがだろうか。

　ところで世の中で実際に行われている挿し替えは、前述タイプ(a)の、製造元の違う球に替えることがほとんどである。論理的には、球の特性はそれほど大きく変わらないので、音もあまり変わらないはずだが、ネットなどをあさってみると、国内外を問わず、この手の挿し替え事例が次から次へと出て来る。いわく「○○製は平板で個性の感じられない音だが、××製は一見やわらかく潤った印象だが、躍動感が感じられ、音にスピード感がある」などなどの記述である。こうはっきり言われると、自分も挿し替えてみたくなるのが人情というものだろう。それであれこれやってみて、あんまり変わんないや、となるか、ますますハマって行くかは、人それぞれである。

　ここでは、球による音の違いについても言及しない。基本的には「まあ、実際にやってみてください」としか言いようがない。個人的には、音は変わると思うし、挿し替えはなかなか楽しい。経験談を言うと、ある日、秋葉原のジャンク屋で、汚い木箱の中に雑多な部品に交じって転がっていたGE（General Electric）の6V6GTを見つけた。底のガイドキーが折れていて屑同然だが300円だったんで買ってみた。家に持ち帰り、たまたまあった6V6GTシングルのChampに挿してあったSovtekのと挿し替えてみてビックリ。ゲインはいくらか落ちたが、歪みにとげとげしいところが

なく、非常にクリーミーで、美しいと言って過言ではない歪み音になったのだ。そんなこともあり、
ああ、真空管挿し替えの違いってこんなに大きいんだ、と思った。もっとも、結局は、自分は挿し
替えにはハマらなかったが。

2-4 Soldano型ハイゲインアンプの解析

　Soldanoというアンプがあることは知っていたが、ほとんど縁がなかった。それでもなぜ知っていたかというと、友人に特注ものの Soldano のアンプを持っている人がいたからだ。彼の Soldano は豪華にもキャビネットは全面ヘビ皮で覆われていて、その中身はエリック・クラプトンがかつて使っていたのと同じものなのだそうだ。むかし、その友人宅へ遊びに行ったとき、この Soldano に 65 年のストラトをつないで弾かせてもらったことがあるのだが、えらくいい音でびっくりした記憶がある。

　この Soldano、ずっと忘れていたのだが、あるときふとあの音を思い出し、それで、ほんの気まぐれに Soldano の回路をネットであさって、ほとんどそのまま仮組みしてみたことがある。それで、自分のムスタングをつないで鳴らしてみたら、おー！　すごくいい音ではないか、ビックリ！ Soldano は実際はハイゲインアンプで、ターゲット層はメタルギタリストで、ブルースギタリストの自分には関係ないと思っていたけれど、やっぱりそんなことはぜんぜん無く、素晴らしい音で、再認識した。

　と、いうことで、ここでは、Soldano の回路を組んで、鳴らして、測定して、原理解明を試みよう。Soldano は、これまでの自分が手がけてきた Fender 基準の典型的な回路ともいろいろ異なっていて、いわゆるハイゲインアンプで特徴的な回路が使われており、なかなか勉強になり、面白い。

■ 今回の Soldano の回路

　まず、今回仮り組みした回路は図 1 の通りである。

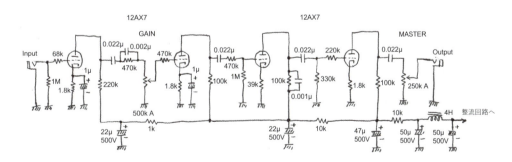

図1　仮組みしてみた Soldano アンプのプリアンプ部

この回路を決めるにあたって今回参考にしたSoldanoのアンプは、「SLO-100」と「SUPER LEAD 60」の二つで、回路図は図2、3である。

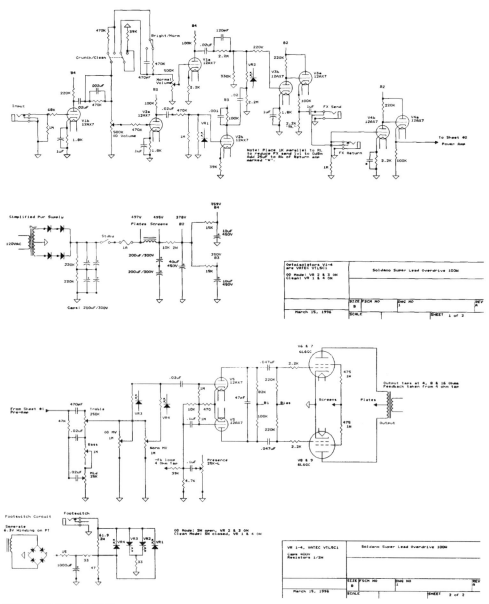

図2　SLO-100の回路図

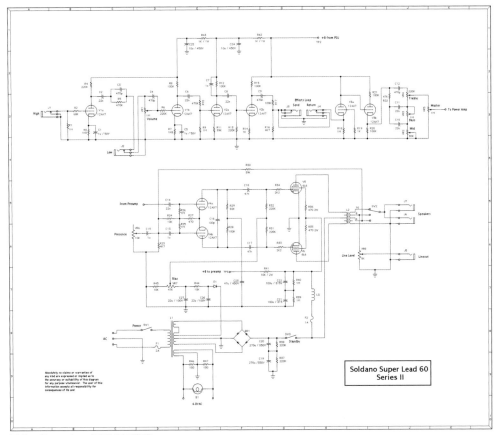

図3　Super Lead 60の回路図

　今回は、まずプリアンプ部だけ組み上げて、その出力を、仮に組んだ12AU7単管の0.2Wパワーアンプに突っ込んでギターアンプ用のスピーカーをつないでテストした。それにしても、たった0.2Wでも6畳ぐらいの部屋でちょうどいいぐらいの音量になり、スピーカーの能率がいいと部屋弾きでうるさいぐらいである。したがって、これは「ハイゲイン・ミニギターアンプ」という、ねじれたコンセプトのチューブアンプになっているわけだ。ま、それはそれとして、このプリアンプ部に低周波信号発生器の信号を入れて、手持ちのオシロで歪の様子を見て、周波数特性なども測定してみよう。

　それから、Soldanoはプリアンプだけ、というのも出しているそうだ。図4の「SOLDANO Supercharger G.T.O.」がそれである。

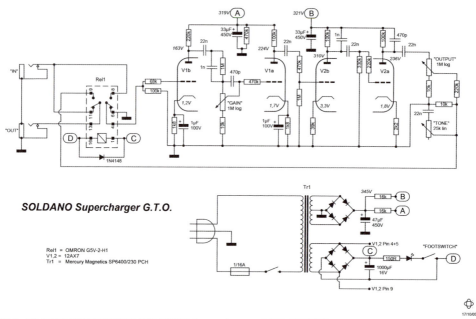

図4　プリアンプ部だけの製品のSOLDANO Supercharger G.T.O.の回路図

　これは一種のエフェクターとして使う代物のようだが、回路を見てみるとSoldanoのアンプのプリアンプ部をそのまま取り出したものである。今回はちょうどプリアンプ部だけ紹介するので、このSuperchargerを解析しているようなものである。

■ エレキギターの出力

　さて、このプリアンプの入力に、低周波発振器の正弦波を入れて、これからオシロで見て行くわけだが、たとえば、初段の12AX7に2Vppとかの信号入れてプレートの出力を見ると1段増幅だけで90Vppとかいうバカでかい信号が出てくる。12AX7の増幅器は50倍ぐらいなので当然なのだけれど、いやー、しょっぱなから、でかい。
　ところでエレキギターの出力がどれくらいだか、ご存知だろうか。実は自分もよく知らなかったので、実際に調べてみた。せいぜいピークで1Vか2Vぐらいかなあ、とかテキトーに想像していたのだが、実際にオシロにエレキギターの出力を突っ込んで、ベンッベンッとかジャーンとか弾いて波形を見てみた。
　もちろん正弦波ではないのでよく分からないのだが、どうやら、思いっきりピークのときで、シングルコイルでピークで1V、ハムバッカーでピークで2Vぐらいで、予想はだいたい当たっていた

ようだ。これはあまりにバカっぽいやり方なのだが、実測値なのでそれなりに信頼できる。もし、入力がこのていどであれば、12AX7初段ではピークであっても あまり歪まないはず。思いっきりハイファイ増幅になり、初段出力には100Vp-pぐらいのエレキギター生の増幅信号が出てくる、ということになる。初段の後にすぐGAINのVRが入るが、100Vp-pという信号の大きさから言って逆に2段目以降ではGAINをちょっと上げれば余裕で歪むことも分かる。

■ Soldanoの解析

初段

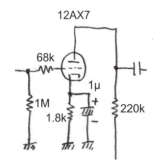

図5　初段の回路

　初段は図5のような回路である。まず、初段のゲインを測ってみたら55だった。真空管はSovtekの12AX7WAである。出力の波形を見てみると、入力が3Vppぐらいから徐々にサインカーブの形が甘くなるが、4.5Vppでも、上下の頭がいくらか丸くなるていどで、それほどは歪まない。このときは、4.5Vp-p以上は手持ちの発振器（といってもPCだが）が出せないので分からない。

　オーディオ真空管アンプのセオリーでは、グリッドの電圧が-0.7Vより大きくなるとグリッド電流が流れ始め、そのせいで歪んでしまうので使えない、と普通に書いてある。しかし、ここの12AX7の初段では、3Vpp入れてもほとんど歪まない。バイアスが1.4Vなので正弦波の片側はピークで-0.7Vを超えてプラスの領域まで上がっているはずなのに、である。

　このグリッド電流による歪みも、信号源のインピーダンスや真空管によってずいぶん事情が違うので、一概に-0.7Vという数値を信じることはない。いまのこの例では信号源がPC出力で、おそらく出力インピーダンスがかなり低いせいで、-0.7Vを超えても大丈夫なのであろう。オーディオの世界では歪みは無条件に悪なので、ほとんど反省せずに-0.7Vを守ってフェールセーフで設計するのが普通だが、実際はそれほど単純じゃないのが、ギターアンプをやっているとわかるのが面白い。

　さて、お次は初段の周波数特性である。

カソードバイパスコンデンサが1μFと異例に小さいせいで低域が落ちる。160Hzぐらいで0.9倍（-1dB）になり、20Hzぐらいでだいたい半分（-6dB）になっている。このカソードバイパスコンデンサによる低域落ちの原理については前著に詳しいのでどうぞ。

　次に高域特性だが、グリッドに直列に68kΩの抵抗が入っていて、これが12AX7の入力容量とハイカットフィルタを構成し、これにより高域が落ちる。2.2kHzで-1dB（0.9）、10kHzで-3dB（0.707）、20kHzではおよそ半分（-6dB）になっている。

　このグリッドに直列に入る抵抗だが、68kΩという値はたとえばFenderなどのアンプの初段で、グリッドに直列に入る抵抗と同じ値である。主に放送電波の入り込みを防止する意味合いで入っているもので、周波数特性の10kHzで-3dBていどだと、エレキギターの音域はほぼ通過していて、ハイ落ちの音質への影響はほとんどない。

2段目

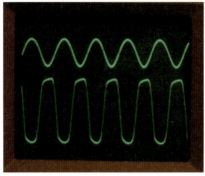

図6　入力に8Vppを入れたときの出力
　　（上：入力、下：出力、出力は190Vpp）

　次は、GAINのVRの後の12AX7である。この2段目の回路は1段目とほとんど同じである。

　グリッドの470kΩの手前（VRの出）に4Vppを入れて測ると、出力が160Vppでゲインは40である。入力が4Vppを超えると上下ほぼ同時に歪み始める。図6の写真は、入力に8Vppを入れたときの出力で、見ての通り上下にクリップしている。

　2段目のグリッドには470kΩというけっこう大きい抵抗がシリーズ（直列）に入っている。なぜこんなに大きな抵抗を入れるかというと、これはストッパー抵抗とかグリッドストッパーとか言われる抵抗で、ハイゲインアンプに特有のブロッキング歪というものを阻止するために入っているのである。なので、初段の68kΩの抵抗とは意味合いが異なっている。このストッパー抵抗については、あとで詳しく説明する。

　周波数特性は、470kΩという大きなグリッド抵抗のせいで高域が落ちている。ざっと測定してみると、5kHzぐらいでもう信号が落ち始める。12AX7の入力容量は100pF〜150pFぐらいなので、

計算上もそのあたりになる。計算式は以下の通りである。

$$f = \frac{1}{2\pi CR}$$

ただし、周波数 f (Hz)、コンデンサ C (F)、抵抗 R (Ω)

あと、初段と同じくカソードバイパスコンデンサが1μFと小さく、ゆるやかに低域が落ちている。

3段目

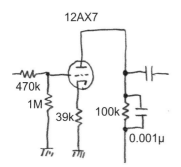

図7　3段目の回路

この3段目はSoldanoで特徴的な図7のような回路である（他のアンプにもあるのかもしれないが）。以下のような変な特徴のある回路だ。

(1) カソード抵抗が39kΩとやたら大きい
(2) しかもバイパスコンデンサがついていない
(3) プレート抵抗の100kΩの両端になぜか0.001μFのコンデンサがついている

まず(1)だが、カソード抵抗がやたら大きいせいでバイアス電圧は大きく、実測で4.2Vぐらいで、いわゆるカットオフ領域に近いあたりで真空管を使っている。真空管のカットオフについては2-1節のバイアス調整のところを見て欲しい。この2-1節の86ページの図4の、「バイアスによる信号出力の変化」という図の(C)点をバイアスにした状態で、この場合、出力波形は片側が歪む。検波回路みたいな感じになるのである。

グリッドの470kΩの手前に信号を入れると10Vp-pを超えると歪み始めるが、図8の写真は30Vp-pを入れたときの出力波形である。みごとに上側だけがつぶれている。

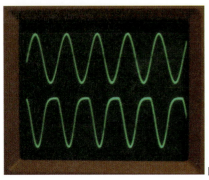

図8　30Vp-pを入れたときの出力（上：入力の30Vp-p、下：出力）

　次は特徴の(2)だ。大きいカソード抵抗にバイパスコンデンサがついていないのでゲインはいちじるしく落ちる。計算式は前著にある。ここではおまけにカットオフ近くなので真空管そのものの電圧増幅率μも規格の100より低く、ダブルで増幅率が落ちる。実測するとグリッドの470kΩの手前に10Vpp（グリッドのポイントでは6.7V）を入れたとき出力が14Vppで、ゲインは2以下で、ずいぶんと、小さい。

　最後に(3)だが、これは実はよく分からない。周波数特性に利くはずだが、測定していない。原理的に言えば、高域が落ちる。発振止め、という説もあるが、この回路で発振というのも考えにくいかもしれない。

　あと、ついでだが、この3段目の入力のところに470kが直列に、1Mが並列に入っているが、ここで信号レベルが分圧されて 470 / (470+1000) = 2/3 = 0.67 になる。たかだか0.67倍ていどのレベル落ちで、あんまり大勢に影響ない気がするが、なんとなく謎。

　以上、変な3段目で、謎が多い。ただ、検波回路のような片側カットの出力を出すので、それが歪のトーンに影響する感じは、ある。ただ、これは後ほど書くが、ここで片側歪するよりはるかに先に、4段目で両側クリップしてしまうので、この非対称な波形は最終出力にはあんまり出て来ないようである。

4段目

　4段目は初段と同じく普通の回路だが、カソードにバイパスコンデンサが入っていないのでゲインは落ちる。ただ、ここのカソードバイパスコンデンサはSoldanoでは入っている機種もあるので、何ともいえない。実測するとグリッドの220kΩの手前に6Vp-pを入れると出力が150Vp-pで、ゲインは25であった。それで、この6Vp-pを超えると上下同時に歪み始める。

　それから、入力6Vp-pで上下クリップ歪んでしまうのだが、この前の3段目の変な回路での歪始めのときの出力（つまり、4段目の入力）が14Vppだったから、3段目で歪むより先に4段目で上

下クリップしてしまう。なので、実は、3段目でせっかくおちゃめに片側歪した怪しい波形も、その形が出力に出る前に4段目で上下クリップしてしまうので、最終出力にはあんまり出てこない。もちろん、だからといって音に全然影響しない、というわけではない。エレキギターをジャーンと弾いてそのままにしてサステインさせるとき、ギター信号そのものは急速に落ちるが、それが真空管歪によってどのようにサステインするか、というところに密接に関わるはずである。

■ どこでどう歪むのか

さて、歪み方については、前述と同じようなことが2段目と3段目でも言えていて、2段目が歪み始めるより先に3段目が歪み始める。

ここでまとめると、GAINのVRを上げて行くと、まず4段目で上下クリップ、次に3段目で非対称クリップ、最後に2段目で上下クリップ、となって行く。2段目で上下クリップし始めるころには、4段目で激しく上下クリップしているので、ほとんど方形波になっている。

あと、GAINのVRより前の初段だが、ここは、ギターの出力レベルで言うと、ピッキング時のピーク時の信号が若干つぶれる程度で、ピーク以外ではほぼ無歪みでギター信号を増幅する。

さて、以上、これらの歪みの推移の様子は、ただのサイン波形で検討しているので、実際のギター信号のどこがどう歪んでどんな音になるかは、まったく分からない。って、何のための解析だ！と思うかもしれないが、ハイゲインアンプのどこでどう歪むかが分かって、なかなか面白いことは面白い。

歪みだけでなく、さらに、以下の周波数特性操作が各所に入っている

- 異例に小さいカソードバイパス1μFによる、ゆるやかな低域落ち
- 段間の0.022μFによる、低域落ち
- 2段目の手前の470kΩと0.002μFの高域強調
- 3段目の負荷抵抗両端の0.001μFの高域落ち
- 1，2，4段目のグリッドに入った大き目の抵抗と球の入力容量による高域落ち

これらが、各ステージで複雑に作用するので、実際の話、起こっている事態を正確に把握するのは、困難である。結局、このへんの回路の組み方や、CやRの値の選び方などなど、というのは、職人的カン（カンがイヤなら経験）による調整のたまものなのかもしれない。

■ ブロッキング歪とストッパー抵抗

すでに説明した2段目と4段目のグリッドに入っている470kΩとかの大きな抵抗は、ストッパー

抵抗（あるいはグリッドストッパー）と言われるもので、これはハイゲインアンプによく起こるブロッキング歪を阻止するためのものである。

　ブロッキング歪とは、ここでのようなハイゲインアンプで、真空管に過大な入力がかかったときに発生する現象で、その原理の説明はなかなか厄介である。というのは、これは過渡現象的で、たとえば正弦波がコンスタントに入ってきて、コンスタントにずっと起こる現象とはちょっと違うのである。このブロッキング歪、特にギターアンプ本場のアメリカなどでは、様々な解説が見つかるが、読んでもイマイチ分かりにくい。ここでは、なんとか分かるように簡単に説明する。

　まずブロッキング歪が起こるとどういう音になるか、であるが、ストッパー抵抗で対策していないハイゲインアンプをフルテンにして、激しく歪んだ状態でギャンギャン弾くと、例えばジャーンと弾いたとたんにゲインがいきなり低くなり、ほとんど音が出ないに近い状態になって、それが数秒続いたあげく元に戻ってきたりする。あるいは、歪音をジャーーーーンと伸ばしたとき、トレモロのように音が断続的になったりする。とにかく、音がでかい状態の時に、妙に音がマスクされて小さくなってしまい、その後戻って来る、という現象が発生したら、それがブロッキング歪である。

　なぜ、そんなことになるか説明しよう。図9の回路に過大入力が入って来たとしよう。そうすると、2段目の真空管のバイアスは-2Vだが、グリッドには信号の上半分のプラスの電圧の部分が加わる。グリッドがプラスになる（通常状態ではプラスにはならない）とどうなるかというと、グリッドがプレートのような働きをし、グリッドからカソードに電流が流れ込む。ふつうグリッドはマイナスなので電流は流れず入力インピーダンスは非常に大きいが、グリッドがプラスになった途端、入力インピーダンスは極端に下がる。つまりグリッド―カソード間は順方向のダイオードになったようになる。結局、入力の過大信号は、検波されることになり、上側がなくなり、図9 (a)に示したようになる。

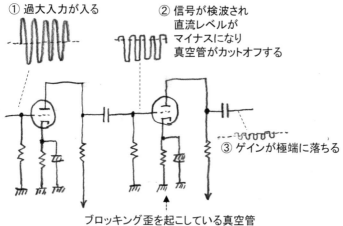

図9　ブロッキング歪が起こる原理
　(a)　過大入力が入ったとき

118

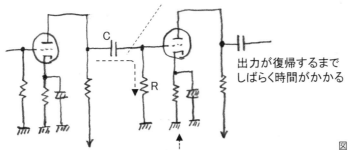

図9　ブロッキング歪が起こる原理
(b)　ブロッキング歪からの復旧

　図9 (a)のように信号が検波されてマイナス側の波形だけになると、これはマイナスの直流成分を持つことになり（信号の平均として）、V2のグリッドに過大なマイナスのバイアス電圧（たとえば-10V以上とか）がかかったことになり、真空管はカットオフになり、電圧増幅率は極端に落ちてしまう。結果、出力の音が小さくなってしまうのである。
　さらに、この過大入力が急に止まったとする。すると真空管はカットオフからすぐに脱出しそうだがそうはいかない。図9 (b)に示すようにグリッドのマイナスのバイアスはすぐには戻らず、結合コンデンサのC1からR2へ徐々に放電して元に戻る。この放電時間は、C1とR2の時定数によるので（τ(秒) = C(F) x R(Ω)で計算できる。）、これが小さければ一瞬で戻るが、これが大きいとしばらく音が小さい状態が続き、突然、音が戻る、という現象になる。そこでギターをがちゃがちゃ弾いていると、不規則に音が途切れる感じになり、これがブロッキング歪である。
　以上が起こっていることだが、これで分かるように、これは入力のギター信号が一定ではなく、でたらめぐちゃぐちゃに変化するとき（出音は音楽なんだろうが）に起こる、過渡的な現象なのである。いずれにせよ、過大入力にならないとこういうことは起こらないので、オーディオアンプでは話題になることは皆無で、また、Fenderなどの普通のギターアンプなどでもほぼ無い現象で、ハイゲインアンプに特有の現象なのである。
　では、このブロッキング歪を阻止するにはどうするかというと、それが図10のようにグリッドに大きめのストッパー抵抗を付けることなのである。これによって、グリッドに電流が流れるのを抑制し、ブロッキング歪を起こりにくくする。Soldanoのようなハイゲインアンプで、グリッドのいたるところに、470kΩなどという破格に大きな抵抗が直列に入っているのはそのためである。

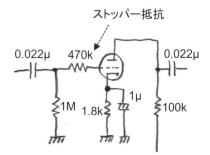

図10 ストッパー抵抗

■ Soldano型ミニアンプ仮組み

図11 Soldanoプリに6BM8パワーを組み合わせたハイゲインミニアンプの仮組み

　ここまでは、Soldano型プリアンプを試作して、けっこうマニアックな解析をしてみた。次は、このプリアンプに小出力のパワーアンプをくっつけて「ハイゲインミニギターアンプ」にするという捻じれたプロジェクトへ発展させ、仮組みして音を鳴らすところまでやってみたので、その紹介である。図11はその仮組みの外観である。

さて、ミニパワーアンプ部であるが、ミニアンプというと定番ではChampで使われる6V6GTや、本書でも製作編で取り上げた6V6GTのMT管バージョンの6AQ5などを使って3Wてい、というのがポピュラーだが、それじゃ面白みがないので、ここではちょっと変わったのにしたい。となると、12AU7や12BH7など比較的電流をたくさん流せる双3極管をプッシュプルにして2Wから5Wぐらいまで出すというのが思いつく。12BH7のプッシュプルは、かのUSAのブティックギターアンプメーカーのKendrickが出しているそうで、ちょっといい感じだ。

しかし、パワー管に3極管というのも抵抗がある（3極管だとダンピングファクターが小さくできず、どうも5極管に比べて音がおとなしい、という経験が自分にはある）。やはり5極管にしようか、というところで思いついたのが複合管の6BM8である。6BM8は3極管と5極管が1本に入ったもので、これ一本でオーディオアンプなら構成できてしまうという便利な真空管である。オーディオアンプ自作キットでひところ売れ線だったTU-870というのがあったが、あれは6BM8を2本使ってステレオアンプにしている。

もっとも、6BM8にはなんだかアマチュアっぽい響きがあるのだが、それがかえってSoldanoプリアンプにつけたらミスマッチで面白いような気がして、今回はこの6BM8を使ってみることにした。結局、全体の回路は図12のようになった。パワー段は別になんということもないそのへんに転がっている6BM8の推奨回路をそのまま使っている。

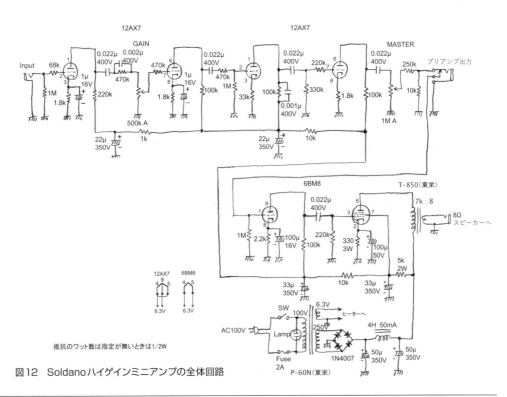

図12　Soldanoハイゲインミニアンプの全体回路

ちなみに出力トランスは東栄のT-850という2Wシングル用の小さなものを使っている。あと電源トランスは、同じく東栄のP-60Nである。250Vをブリッジ整流にして、B電源として300Vちょっとぐらいの直流電圧を供給している。

図11の写真の通り仮組みしたアンプを実際に鳴らした音を紹介しよう。スピーカーはBlues Juniorのものをそのまま使って、ムスタングを突っ込んで弾いてみた。音はサービスサイト*に載せておくが、なかなかいい音である。

まず、「VOLUMEが1ぐらいの少しだけクランチ」は、VOLUMEをだいぶ絞ってなるべくクリーンっぽくなる音で弾いてみた音である。このようにVOLUMEを相当絞っても完全にクリーンにはならず歪むので、このSoldano型プリアンプそのものがそもそもクリーンで使う代物ではないのであろう。

お次の「VOLUMEが5ぐらいの歪み」は、VOLUMEを半分ぐらいまで上げた歪みの音である。半分でもこれなので、フルにするとやばい感じである。仮組みのせいもありフルにするとノイズが大きくなり過ぎ、壊滅的な音だ。もっともメタル系のリフはそういう音で弾くものなのかもしれないが、メタルリフを知らないので弾けない。今度、練習して弾いて録ってみることにしよう。

それはともかく、なかなかいい音で鳴っているので、Soldanoプリに6BM8のパワーというのも捨てたものではないことが分かる。この回路で正規に製作してみてはいかがだろうか。もし、正規に作るときは、パワー段の6BM8に入る直前に出力端子をつけて、スピーカーで鳴らすだけではなく、Soldano型プリアンプとして使える、という風にするべきと思うので、図12にはその出力端子を付けた回路にしてある。

サービスサイト　https://rutles.co.jp/download/550/index.html

2-5 小信号増幅とノイズ

　小信号というのは、文字通り小さな信号のことで、ざっと言って10mV以下ぐらいの、たとえばマイクロフォンとかレコードのカートリッジの出力信号のようなものを指す。そういうものを入力としたときのアンプにはどのような注意が必要かというと、それはひとえに「ノイズのレベルをいかに小さく抑えるか」である。

　それでは、ギターアンプは、というと、もろにこの小出力増幅である。エレキギターから来る信号の大きさは、1mV以下から1V超えぐらいまで非常に幅が広く（ダイナミックレンジが大きい、という）、超かすかなピッキングや、弾いた音が減衰して行くときとかは小信号であり、弦をバキバキかき鳴らすとむしろ大出力と言ってもいいほどの信号になる。ギターアンプはふつう非常にゲインが高く設計されている。仮にかすかな音が1mVだとして、これを1Vまで増幅するには1000倍のゲインが必要になるが、同じエレキをジャンジャン鳴らしてエレキの出力が1Vになったとするとアンプの出力はなんと1000Vという恐ろしいことになる。しかし、普通、そんなことにはならず、増幅回路のどこかでクリップがかかって、そのせいで音は必ず歪むことになる。エレキを鳴らすアンプは、歪みを許す小信号増幅器と言えるであろう。

　ギターアンプは小信号増幅なので、オーディオアンプと同じくノイズが問題になるのだが、エレキギターではふつうそれほどノイズを気にしない。エレキギター自体も外界のノイズを盛大に拾うし、ノイズを気にしていたらきりがない、というのもある。爆音でエレキを弾く人はそもそもノイズなんか気にしていたら演奏できないとも言う。それどころか、昔の録音とか聞くと、弾いてないときのエレキが、ジーーとか鳴っていて、それでコードをいきなり思いっ切りジヤヤアッーッン！と弾いたりして、ノイズをほとんどエフェクトとして使ってるんじゃないかみたいなのもある（ジミ・ヘンドリックスがけっこう、それであろう）。とはいえ、現代はハイファイ時代なので、ギターアンプでも静かなアンプ（オーディオではノイズがとても少ないアンプをこう呼ぶ）が好まれたりする。

　ここでは、主にオーディオアンプの小信号増幅についてそのポイントを解説する。ギターアンプの設計で、このオーディオアンプで言われているローノイズ対策をうるさく言うのをあまり見ないが、静かなギターアンプが欲しい人には参考になるであろう。

■ ノイズの大きさ

　最終的にはスピーカーからどれぐらいのノイズが出ているかが問題になるのだが、それではどれぐらいのノイズならば許容できるのであろうか。一般的には、ノイズの大きさは信号の大きさに対

して相対的なものと考えると理にかなっている。信号が大きいところではノイズが大きくてもよくて、信号が小さいところではノイズも小さくないといけない、という考え方である。この「信号に対するノイズの大きさ」を表す数字をS/N比（エスエヌひ）、日本語で「信号対雑音比」と呼ぶ。信号の電力をPs、ノイズの電力をPnとすると

$$S/N = \frac{Ps}{Pn}$$

で計算する。この式では比になっているが、S/Nの単位にはふつうdB（デシベル）を使う。ここで、真空管回路で分かりやすいように電力ではなく電圧で考えて、さらにS/Nをデシベルで表すと、次の式になる。

$$S/N = 20 \log_{10} \frac{Vs}{Vn}$$

たとえば信号が１Vのところでノイズが0.01Vであれば、次式のように計算でき、S/Nは40dBということになる。

$$S/N = 20 \log_{10} \frac{1}{0.01} = 20 \log_{10} 100 = 20 \times 2 = 40 \text{ (dB)}$$

というわけで、結局ノイズの許容値は、このS/Nがどれぐらいあればよいかということになるが、一般的には60dBが目安になる。比で言うと1000である。これは、S/Nが60dB以上あれば、聴覚的に言ってそれほどノイズが気にならない、という意味である。

　これをオーディオの小信号増幅で考えてみよう。例として、レコードのカートリッジの出力を増幅するプリアンプがあるとしよう。プリアンプの出力は、メインアンプの入力になるが、一般的なメインアンプの入力信号電圧は１V（実効値）である。一方、このプリアンプの入力だが、フォノカートリッジの出力の定格はおよそ1mVである。これを１Vにまで増幅するので、1000倍の増幅器が必要である。さて、プリアンプの出力でS/Nを60dB確保するためには、１Vの1/1000のノイズが許容されるので、出力上でノイズは1mVに抑えないといけない。アンプの増幅率が1000で、出力のノイズが1mVなので、カートリッジ入力の部分では、1mVの1/1000の0.001mV－１μVのノイズに抑えないといけないことになる。１μVはかなり小さな値で、これを完全に満足するように真空管でフォノプリアンプを作るのはけっこう難しい。

　以上はS/Nを使ったノイズ設計だが、ここでオーディオアンプでよく言われている別の目安を紹

124

介しておこう。オーディオアンプで「静かなアンプ」(ふつうメインアンプを対象に言う)と呼べるためには、信号をゼロにしてアンプのボリュームを最大にしたとき、スピーカーの両端子のところでのノイズ電圧の値が1mV以下、というのが目安になる。もちろん、1mVのノイズが耳にどれぐらいの大きさで聞こえるかは、スピーカーの能率で異なるが、目安としては便利な値である。通常のスピーカーでノイズが1mVだと、3メートルていどの通常のリスニング位置だとノイズはほとんど聞こえず、スピーカーに耳を近づけて聞こえる程度である。ここでは、アンプのゲインや、出力ワット数と無関係に1mVと言っているので、S/Nが60dBという目安とは異なるが、オーディオでは、現実的にこのていどのノイズ電圧に抑えた方がいいですよ、という意味では使える基準である。

ちなみに、ギターアンプで、スピーカー端子で1mVのノイズに抑えるのは、ゲインが高すぎて、まず無理である。ボリュームを最大にすると、どうしてもシャーとかジーとかブーンとか言っているものである。ましてやエレキをつないでエレキ側のボリュームを上げると、ギターピックアップが外来のノイズを拾い、ジャーッというノイズが鳴るのが普通である。

というわけで、いろいろあるのだが、以降では、この小信号増幅でノイズを少なくするための方法についてお話しすることにしよう。

■ ノイズを抑えるには？

小信号アンプでは、ふつう1000倍以上のゲインが必要なので、ごく自然に多段増幅になる。ギターアンプでも同じで、多段増幅は必須である。それで、一般的に、多段増幅のとき、出力のノイズの大きさは、初段が発生するノイズでほとんど決まってしまう。目安としては初段の増幅率（ゲイン）が20倍を超えると、初段がノイズを決めてしまう、と言われている。ギターアンプの初段は、12AX7が使われることが多いが、12AX7の増幅回路は50倍ぐらいのゲインになるので、初段の低ノイズが効くことになる。ということはつまり、初段さえ厳重に注意してノイズを減らせば、全体に静かなアンプに近づいて行く、ということになるわけだ。図1の典型的な初段の回路を題材に、以下に箇条書きにして挙げて行こう。

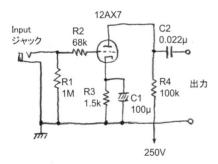

図1　ギターアンプの初段の回路

■ ローノイズの真空管を使う

真空管自体がノイズを発生する。一般にハイゲインの真空管ほどノイズが大きい。ノイズのタイプとしては、サーというホワイトノイズ（日本語で白色雑音）がメインだが、ときどき不定期にキュル、キュルと鳴ってみたりすることもある。この真空管ノイズは、真空管によってノイズの大きさがだいぶ違う。メーカーが「ローノイズ」をうたっている真空管を使うとよい。例えば、12AX7であれば、7025や12AX7Aなどがローノイズ版の12AX7である。それから、ノイズは個体差があるので、複数の球からノイズの少ないものを選ぶ、というのも手である。少なくともギターアンプで、12AX7がたくさん使われている場合、差し替えてみて初段に一番ノイズが小さいのを持ってくる、ということなどができる。もちろん、ノイズ量はメーカーによっても違う。

■ マイクロフォニックノイズの小さい真空管を使う

このマイクロフォニックノイズは真空管独特のノイズで、前項で説明したノイズとは異なる。これは、真空管がマイクロフォンみたいに働いて、外の物理的な振動を拾ってそれが信号として出力されてしまう現象である。分かりやすくは、ギターアンプのスイッチを入れて音量を上げた状態で、真空管を割り箸とかで（僕は爪でやるが）、コンコンと叩くとスピーカーからそれが「コンコン」と音になって出てくる事態のことを言う。なんでそんなことが起こるかというと、真空管は電極がいくつも中に入っているが、それが物理的に振動すると電気的性質がそれに応じて変化し、それを信号として拾って出してしまうのである。特に、コンボアンプなどでスピーカーのそばにこのマイクロフォニックノイズの大きな真空管があると、スピーカーの音で真空管が振動し、フィードバックがかかり最悪、発振してピーピー鳴ってしまったりする。

原理から分かるとおり、電極の支持がゆるかったりするとマイクロフォニックノイズは大きくなる。個体差もあるし、メーカーによる作り方の違いもある。ローノイズとされる真空管はだいたいこのマイクロフォニックノイズの対策もされていることが多く、前項と同じくローノイズの真空管を選んだり、複数の中から一番ノイズの小さいのを選んだりするとよい

■ 初段に5極管を使わない

5極管はそもそも3極管よりノイズが大きいのが普通である。まず、5極管はカソードとプレートの間にグリッドが3つほどあり（3極管はグリッド一つだけ）、カソードから出た電子はそれらグリッドを通ってプレートに達する。電子がグリッドを通るとき、グリッドの隙間を通り抜けたり、吸い込まれたりするのだが、その複数のグリッドに電子が分流するミクロの振る舞いが変わるため、これがプレートの電流にノイズとなって現れるのである。これはパーティション・ノイズ（Partition noise：仕

切りによるノイズ）と呼ばれ、4極管以上で多く発生する。それに加えて、5極管は、前述のマイクロフォニックノイズも、グリッドが多く電極が増えた分だけ3極管より大きいのが普通である。

というわけで、初段には5極管を使わず、3極管にした方がノイズは減る。現にギターアンプで初段に5極管を使った例は、初期のギターアンプ（最も初期のFender Champ 5C1では6SJ7が、初期のVOXではEF86が使われている）にはいくらかあるが、その後のアンプのほとんどが初段は12AX7などの3極管なのは、こういうわけである。ただし、5極管はノイズのせいで初段にはまるで使えないというほどひどいものでもなく、それに、やはり5極管は5極管で、3極管とは異なる独特のトーンが得られるのは確かのようで、考え方次第であろう。余談だが、5極管をオーバードライブさせると3極管とは違う歪み方をするので、たとえば5極管を初段以外のところで、歪みを意識して使ってみる、などというのも面白いかもしれない。

■ ローノイズの抵抗を使う

上に書いたように真空管はノイズ源だが、抵抗もノイズ発生源である。抵抗のノイズはnV（ナノボルト = μVの1/1000 = 10^{-9} V）からμVのオーダーでかなり小さいのだが、小信号アンプでは問題になるレベルである。ノイズの物理学はわりと難しいので別に譲るとして、ここでは大雑把に語ることにしよう。

抵抗のノイズには、熱雑音と電流雑音の二つがある。熱雑音は抵抗がそこにあるだけで発生するランダムなノイズ（ホワイトノイズ）で、抵抗が大きいほど、温度が高いほど大きくなる。熱によって抵抗の中の電子がランダムに振動して、それがノイズ源になるのである。これはもうどんなタイプの抵抗であっても物理現象として逃れられない宿命なので、熱雑音がローノイズな抵抗などというものは存在しない。抵抗に電流が流れようが流れまいが同じ熱雑音を発する。ただ電流が流れると抵抗は温度上昇するので熱雑音は多めに出る。さいわい、熱雑音はそもそも小さいのでそれほど問題にならないが、図1のR1のグリッド抵抗や、図1のR2の初段のグリッドに直列に入っている抵抗などは、あるいは効いてくるかもしれない（未検証だが）。

次に電流雑音だが、これは抵抗に電流が流れて電子があれこれと乱れている様子が雑音になって現れるもので、これは電流が大きいほど、そして抵抗が大きいほど大きくなる。この電流雑音は、抵抗の材質や形状などに関係していて、それゆえ、抵抗としてローノイズの物を作ることができるので、調べると分かるがローノイズ抵抗としていろいろ売られている。初段の回路で盛大に電流が流れているのはプレート抵抗（図1のR4）とカソード抵抗（図1のR3）で、特に抵抗値の大きいプレート抵抗はこのノイズの影響が大きい。むかしからプレート抵抗にはいいものを使え、と言われているのは、このせいもあるだろう。抵抗の材質で言うと、よく使うカラーコードの入った1/2Wのカーボン抵抗（僕はコレが定番でいまでも使うが）は、電流雑音がわりと大きいのであんまりよくない。金属皮膜抵抗や薄膜抵抗がローノイズと言われているが、一概にどれがいいとは言えないので、調

べたり、試行錯誤が必要である。

■ 流れる電流を少なく、抵抗値を小さく、ワット数に余裕あるものを使う

前項までの真空管のノイズも抵抗のノイズも、いろんなノイズがあるとはいえ、おしなべて流れる電流が大きく、抵抗値が大きく、温度が高くなるとノイズが増える性質がある。したがって、その逆になるように回路を設計したり、実装したりするとノイズは減るわけだ。まず初段のプレート電流を少なめに設定する。たとえば、Fenderのアンプの12AX7の定番回路では、図1がそれだが、プレート抵抗が100kΩ、カソード抵抗が1.5kΩで、プレート電流はおよそ1mAに設計されているが、この値をいじって初段だけ電流を少なくしてみるのもいいかもしれない。ただし、プレート電流を小さくすると、今度はプレート抵抗を大きくしないとバイアスの釣り合いが取れないので、これはトレードオフで、一概に電流を少なく設計すればいいというわけではない。それから、抵抗の図体が小さいと抵抗体の温度が上がり、電流雑音が多めに出るので、W数に余裕のある大きめの抵抗を使うのもよい。ただし、以上はローノイズの観点で言っているだけで、当たり前だが、音がよくなければ元も子もない。

■ 真空管のヒーターにハムバランサを使う

ヒーターの配線は当然、片側をグラウンドにつないでいるわけだが（そうしないと、けっこう大きなジーというノイズが出る）、それだけでなく、図2のようなハムバランサを使って、ノイズ（ハム）が一番小さなポイントを探る。ハムバランサの調整は、耳で聞いてもあまり分からなかったりすることもあるが、その場合はテスターの交流電圧レンジでノイズ電圧を読んで調整するとよい。

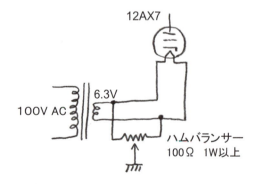

図2　ヒーターのハムバランサ

真空管ギターアンプの製作・解説・改造修理

■ 真空管のヒーターをDC点火にする

　ヒーターをACではなくDC（直流）で供給すれば、ヒーターに起因する、あの「ジー」というノイズはなくなり、これをすることでかなり静かなアンプに近づく。当然ながらDCにするための整流回路が必要で、回路が増える。たぶんオーディオアンプの世界では、プリアンプの多くはこのDC点火であろう。ただ、ギターアンプの世界ではほとんど見たことが無い。エレキをつないでエレキのボリュームを上げてしまえば、ギターマイクのノイズの方がはるかに大きく、この程度のノイズは吹っ飛んでしまうからであろう。

■ 初段に供給するB電源フィルタを十分にする

　これは当然のことだが、B電源にリップルが乗っていれば、そのままノイズになって出て行く。したがって特に初段に供給するB電源には、何段かをつなげたCRフィルタ（デカップリングフィルタ）が必要である。ギターアンプでは定番の回路においてすでにそのようになっているので、だいたい大丈夫だが、本当に静かなアンプにしたいなら、十分にリップルを少なくしておく。

　ここでは小信号増幅の話なので初段の話をしているが、ギターアンプの定番回路では往々にして終段のパワー管へのB電源にリップルがけっこう残っていたりして、これがスピーカーからハムになって出てくる。終段に5極管を使いプッシュプルだとB電源のリップルには強くなるので、少しぐらいリップルが残っていても平気なのだが、チェックしてみてもいい。ただ、これも、リップルを抑えるフィルタを入れると音も変わるので、同じく要注意ではある。アンプを静かにしたいばっかりに音質が犠牲になっては元も子もない。いずれにせよ、静かなアンプにしたいなら、初段だけでなく、中間段や、終段のノイズもチェックしないといけないのは、当然のことである。

■ プッシュプルの場合、2本の真空管の特性を揃える

　ひとつ前で、「プッシュプルだとB電源のリップルには強い」と書いたが、これは、逆相で増幅された信号が出力トランスで合成されるとき、同相で入って来るノイズ（コモンモードノイズという）が出力トランス上でキャンセルされるからである。しかし、これが成り立つには、プッシュプルの2本の真空管の特性が合っていないと、ノイズは取り切れない。したがって、プッシュプルには特性の揃った真空管を使うことで（ペア・チューブを買うなど）、ノイズに対しても効果がある。

■ 入力ジャックから初段グリッドへの配線にシールド線を使う

　初段グリッドへ向かうこの線は、非常に小さい信号でもノイズになって出てしまうセンシティブ

129

な部分なので、外来のノイズを遮断するシールド線を使うとよい。図3 (a) のように、シールドは片側だけグラウンドにつなぐのがセオリーである。理由は、グラウンドループを作らないようにするためである。図3 (b) のように、両方をつなぐとグラウンドのループが出来てしまい、これがノイズを拾うことがある。なんでノイズを拾うかというと、こういう導線のループの中に電源トランスだとかの磁束が通ると、そのループにそれに応じた電流が流れ、それがノイズ（ハム）の原因になったりするからである。それから、シールド線は容量（コンデンサ成分）を持っていて線が長いとハイ落ちするのであまり長く引き回さないように気を付ける。

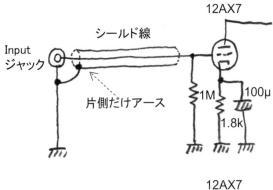

図3　シールド線の使い方
(a)　シールド線のアース処理

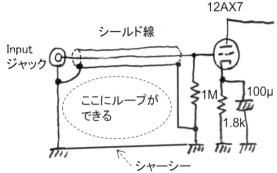

図3　シールド線のよくない使い方
(b)　シールド線の両端をアースした場合

■ 回路のループの面積を小さくする

　音声信号が流れる部分には必ずループができる。初段の回路だったら、図4のように、グリッド側とプレート側に2つループができる。前述のアースループと同じく、ここに磁束が通るとループに電流が流れ、ノイズ源になる。これを回避するためには、配線を工夫してこのループの面積を極力小さくする。もちろん、ノイズの元になる電源トランスやヒーター配線（これは遠ざけようがないが）などの磁力線を発生するものを遠ざける。それから図4の二つのループのうち、左のグリッ

ド側の方がセンシティブである。左側のループで乗ったノイズは真空管で増幅（この場合約50倍）されて出力に現れるからである。

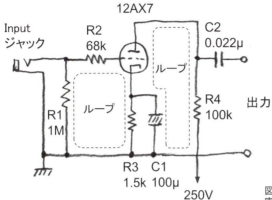

図4　2つのループの面積を極力小さく実装する（特に左のループ）

■ シールドをしっかりする

　シャーシーで初段の回路全体をシールドするのはもちろんとして、シャーシーから外に出ている真空管に、図5のようなシールドケースを取り付けて、真空管そのものをシールドするのもよい。また、真空管のソケットも良いものを使って、変な風にノイズを拾わないようにする。

図5　真空管シールドケース

■ すぐにあきらめない（最後に）

　最後に、この手のノイズ低減の作業について大切なことを言っておこう。いままで見てわかるように、ノイズの発生の理由は実にたくさんある。これらのさまざまな原因のノイズが積み重なって、最終的なノイズ量になるのである。なので、この要因のうちの一つを改善してみて、耳で聞いて「ノイズ減らねえなあ」と感じたとしても、それだけでは分からない。塵も積もれば山となる、ということわざがあるが、その通りで、本当にローノイズなアンプを作りたいなら、ノイズの原因を一つ一つていねいに潰して行き、トータルなノイズ量を減らすしかない。劇的に変わらなくてもあきらめずに追求することが大切である。

　あともう一つ大切なことだが、これは上でも何度か言ったが、ノイズを減らそうと工夫すると、往々にして音の性格も変わる。これはギターアンプで顕著だが、実はオーディオアンプでも同じである。僕らが追求するのはよい音であって、全体のバランスを崩してまでローノイズだけにこだわる必要があるかは、立ち止まって考えた方がいいと思う。

2-6 トーンコントロール

　実は前著の『真空管アンプの工作・原理・設計』にもトーンコントロールの説明はある。Fenderの定番のトーンコントロール回路を解説しているが、いま読むと、若干、説明不足や、間違っている部分もあるし、ここできちんと解説しておこうと思う。加えてここでは、まずギターアンプ初期の簡易的なトーンコントロールに触れ、そして、Fenderの定番トーンコントロール回路を詳しく解説し、最後に、本書の1-3節の「0.2W級集合住宅用ギターアンプ」(31ページ)に搭載したワンノブトーンの解説をしようと思う。

■ 初期のトーンコントロール回路

　Fenderの回路を年代順に見て行くと、1940年後半から1960年前半までの初期のツイード期では、次項で紹介する、かの「いかだ型」の定番のトーンコントロール回路はまだ登場せず、トーンは付いているが、ツマミがひとつしかなかったり、回路もさまざまに変わり、試行錯誤のあとが伺える。ここで、一番初期のトーン回路に図1のようなものが見つかる。これはFender Bassmanのもっとも初期の1950年代前半の5B6という回路で使われているものである。

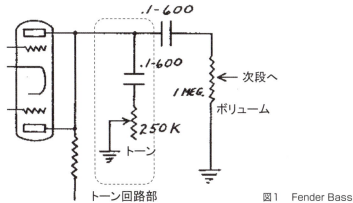

図1　Fender Bassman 5B6のトーン回路

　見ての通り、コンデンサとポットを信号路に入れただけである。実はこの回路は、前段の真空管回路の内部抵抗と一緒に働く。前段の内部抵抗がゼロだと、この回路は働かない。それで、その内

部抵抗の大小によって、フィルタのかかりかたが変わる。

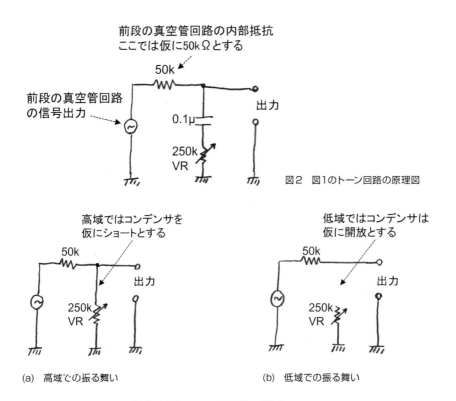

図2　図1のトーン回路の原理図

(a)　高域での振る舞い　　　　　(b)　低域での振る舞い

図3　Bassman 5B6の高域と低域でのフィルタ回路の振る舞い

　図2が、図3の実際の回路を、解析用に書き換えたものである。ここでトーン回路の振る舞いの大雑把な姿を知るための、僕の方法を紹介しよう。まず、こういうフィルタ回路の大まかな動きを知るには、コンデンサが肝である。そこで、コンデンサの働きを単純化して、高域周波数（つまり音程が高い音）ではコンデンサは素通しの「導線」として扱い、そして、低域周波数（低い音程）では「抵抗無限大つまりオープン」で、無いものとして扱うのである。そうすると、高音と低音の振る舞いが分かって便利である。
　この回路に適用してみると、高域では図3-(a)、低域では図3-(b)になる。高域の (a) で分かるように、ポットは高域信号を落とす働きをする。対して、低域の (b) ではポットの片側がオープンになっていて、ポットは何も効かず、信号は素通しになっている。というわけで、この回路は、低域には手を付けず、ポットによって高域を下げるフィルタになっていることが分かる。つまり、ポットを左に回すとほぼフラットの生音。ポットを右に回すほど高域が落ちて、モコモコの音になる、とい

う動作をする。もちろん、これは高域と低域を極端に扱っているので、定性的に事情は合っているが、定量的にはそれほど単純な振る舞いではない。

詳しい定量的な特性を見るには、2-8節の「LTspiceでシミュレーション」(155ページ)で解説しているシミュレーションソフトのLTspiceが便利である。もちろん、この回路を電子工学的に数式で解析することもできるが(たとえばラプラス変換を使う、など)、かなり難易度が高い。なので、LTspice上にこの回路を書いて、周波数特性を見るのがとても簡単である。というわけで、実際にこの回路をLTspiceにかけて周波数特性を見てみると、図4のようになり、おおまかな推量は当たっているのが分かる。

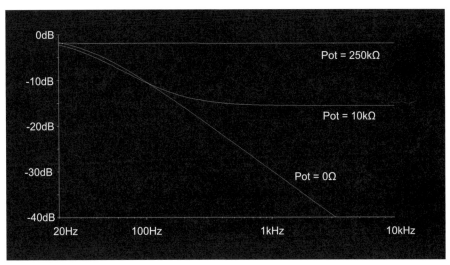

図4　Fender Bassman 5B6のトーン回路の周波数特性

次は、Fenderのツイード期のトーン回路でわりと多く使われたものを紹介しよう。図5がそれで、一見、かなり分かりにくい。

それでは前と同じようにコンデンサに注目して、高域と低域の様子を見てみよう。図6-(a)が高域、図6-(b)が低域である。まず最初に(b)の低域の振る舞いを見よう。Toneのポッドはどこにもつながっていないので無いのと同じで、ふつうのVOLUMEコントロールだけになっている。したがって、このトーンツマミは低域には関係しなさそうである。一方、高域を見てみると、ちょっと分かりにくいが、Toneのポットを上に回し切ると、入力信号がそのままグラウンドに落ちて、出力が出ないことが分かる。それでToneのポットを下に回し切ると、今度は信号はボリュームポットとも無関係に減衰せず、そのまま素通しになることがわかる。これはどういうことかというと、Toneのポットの真ん中のどこかでだいたいフラットで、上に回し切ると高域が減衰してモコモコな音になり、

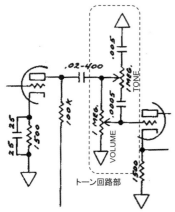

図5　Fender Princeton 5F2Aのトーン回路

下に回し切ると高域が強調されてキンキンの音になる、ということである。つまり、モコモコからキンキンを一つのツマミでコントロールできるわけで、あとで出て来るワンノブトーンに近い働きをする。

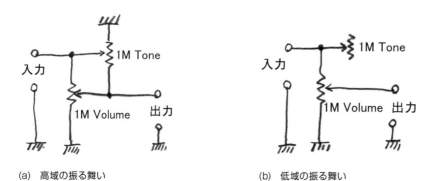

(a) 高域の振る舞い　　　　　　　　(b) 低域の振る舞い

図6　Princeton 5F2Aの高域と低域でのフィルタ回路の振る舞い

では、この回路もLTspiceにかけて周波数特性を見てみよう。図7のようになり、だいたい予想通り、高音のブーストと減衰がコントロールでき、あるポイントで周波数特性がフラットになる。ここではVOLUMEはちょうど中間にしてある。特性はこのVOLUMEによっても変化する。

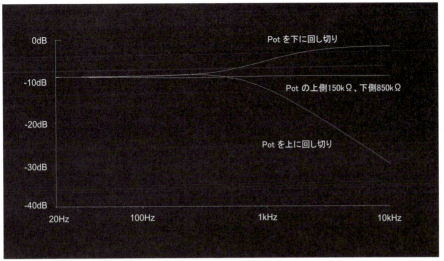

図7　Fender Princeton 5F2Aのトーン回路の周波数特性

　というわけで、ギターアンプの初期では、実にいろいろなトーン回路が現れている。Fenderに限らず、GibsonやVOXなど、調べるとさまざまである。

■ Fender定番のトーンコントロール回路

　図8の回路がFenderの定番のトーンコントロールである。1960年を過ぎ、ツイード期が終わると、大半のFenderアンプがこの回路を採用するようになる。Marshallはその初期に、FenderのBassmanの後期の回路を模倣したらしく、Marshallもこの回路である（ただし、ＣＲの定数は微妙に変えている）。

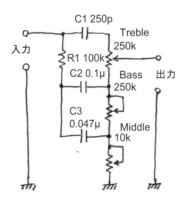

図8　Fenderの定番のトーン回路

この回路は、僕はある意味、Fenderにとって画期的だったと思う。というのは、このTreble、Middle、Bassの三つのツマミを全部中央の12時にしたとき、その周波数特性は図9のようになる。見ての通りぜんぜんフラットではなく、500Hz付近が15dB (比でいっておよそ1/5) ぐらいかなり落ち込んで、低域と高域が強調された周波数特性になっているのである。この高音と低音が強調され、中域の落ちた特性が、あのFenderのカラっとした「ジャキーーン」というトーンキャラクタを作っているのだと思うのである。

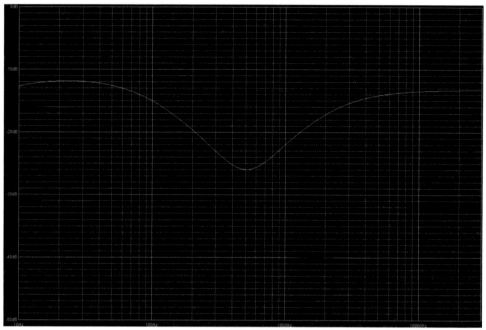

図9　Treble、Middle、Bassを全部中央にしたときの周波数特性

　この、見慣れてはいるが「いかだ型」の回路はなかなか分かりにくい。正直自分もこれを定性的に完全に語る知識が不足している。というわけで、高域と低域にわける上記と同じ手法を使ってみよう。ここで最初に注目するのがC2の0.1μFのコンデンサで、このコンデンサだけ容量が大きいのには意味があり、C2は実は高域も低域も信号を素通しするためのバイパス路らしいのである。あとで出て来るTone Stack Calculatorで調べても、C2の値をどんどん大きくしても周波数特性はほとんど変わらない。ということで、このC2は最初からバイパス路として導線にしてしまおう。

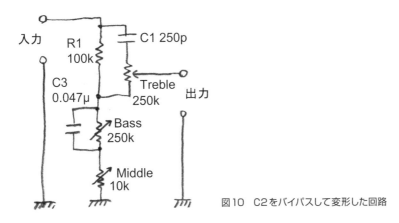

図10　C2をバイパスして変形した回路

　このC2をバイパスすると回路は図10のようになる。これを見ると、C1はTrebleのVRと、C3はBassのVRとそれぞれフィルタを形成していることが分かる（これについて前著では間違ったことが書いてある）。その上で、高域と低域を調べると、それぞれ図11-(a)と図11-(b)のようになる。高域の(a)を見ると、TrebleのVRで高域を増減していることが分かり、これにはBassのVRは関与していない。次に低域の(b)を見ると、R1とBassのVR、MiddleのVRで信号を増減していることが分かる。またTrebleのVRも関与はしているが、これは次段の入力インピーダンスと関係していて、もし入力インピーダンスが十分大きいと（1MΩとか）、若干しか信号の大きさに関与しないことが分かる。最後に、MiddleのVRだが、(a)でも（b）でも、全体の信号を上下させていて、高域でも低域でも効いて、結果、ミドルレンジの周波数を増減させているらしいことも分かる。

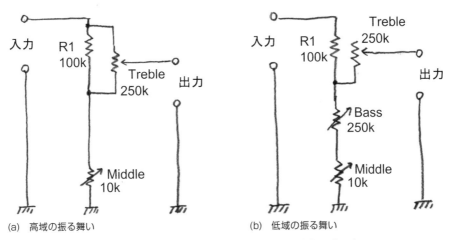

(a)　高域の振る舞い　　　　(b)　低域の振る舞い

図11　Fender定番トーン回路の高域と低域での振る舞い

以上が定性的な説明だが、かなりややこしい。次に定量的だが、LTspiceでやってもいいのだが、ここは、前著でも紹介した、「Tone Stack Calculator」（https://www.duncanamps.com/tsc/）を使おう。これは、Fender、Marshallのトーンコントロールをはじめとして何種類ものトーン回路の周波数特性をPCの上でシミュレートできる優れものである。回路のCRの定数も自由に変えて特性を見ることができる。図12の結果を見て明らかなように、ミドルの落ち込みを中心として、Bassツマミを回すと、低域がブーストあるいは減衰し、Trebleツマミを回すと、高域がブーストあるいは減衰し、Middleツマミを回すと、中域の落ち込み量を増減できる。これは、かなり良くできた回路だと思う。

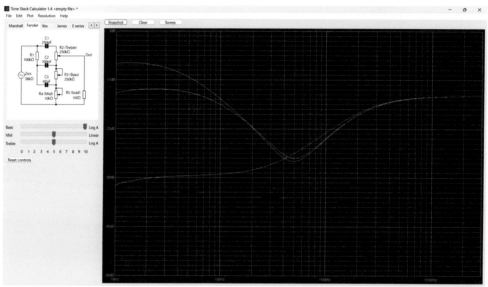

図12　Fender定番のトーン回路の周波数特性　(a)　Bassを変化させたとき

　これは前著でも触れたが、このFenderのトーン回路にはいくつかの特徴がある。まず、Trebleが効く周波数の高い低いはC1を増減して調整できる（C1を小さくするとTrebleが高い周波数へシフトする）。そして、Bassが効く周波数の高い低いはC3を増減して調整できる（C3を大きくするとBassが低い周波数へシフトする）。Marshallがかつてそうしたように、このC1とC3の値をいじって好みのトーンを作るのもアリである。それから、Treble、Middle、Bass全部をゼロにすると信号が出ず、無音になる。これは回路を見れば明らかで、3つともゼロにすると信号がぜんぶグラウンドに落ちてしまうからである。それから、もうひとつ面白いのが、TrebleとBassをゼロにして、Middleをフルにすると、図13のように周波数がほぼフラットになる。その状態でTrebleとBassをいじると、それぞれ高域と低域をブーストするような形になる。Fenderのツイード期の音を求め

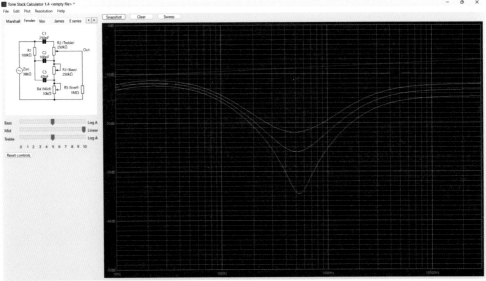

図12　Fender定番のトーン回路の周波数特性　(b)　Middleを変化させたとき

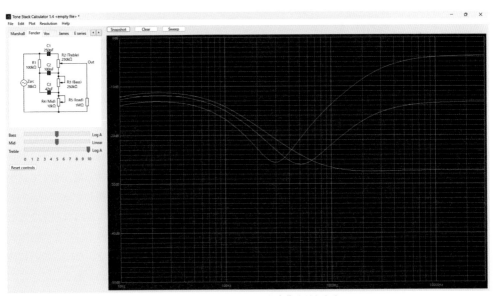

図12　Fender定番のトーン回路の周波数特性　(c)　Trebleを変化させたとき

るなら、フラットな周波数特性を出せるこれも、アリである。それから、このトーン回路は挿入するだけで、おおまかに20dB（比で言って1/10）ぐらい信号が減衰する。したがって、アンプ全体

のゲインを維持するなら、このトーンコントロール回路を入れることで、一段余計にプリ段が必要になる。

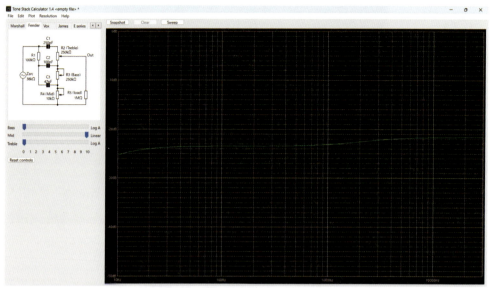

図13　Middle＝10, Bass＝0, Treble＝0で周波数特性はほぼフラットになる

■ ワンノブトーン

　これは、1-3節の「0.2W級集合住宅用ギターアンプ」(31ページ)で使った、ツマミひとつのトーン回路である。動作としては、ツマミをゼロにすると低域ブーストでジャズっぽい音、ツマミを真ん中にすると周波数特性がフラットになり、Fenderツイード期のブルースっぽい音、そして、ツマミを回し切ると高域ブーストでキンキンとロックンロールっぽい音、という感じである。

　回路は図14である。一見分かりにくいが、図15のように書き直すと、極めて簡単な回路なことが分かる。図15の上がローパスフィルタ(LPF)、下がハイパスフィルタ(HPF)で、ＣＲの値は同じにしてあり、減衰し始める周波数がLPFとHPFで同じである。そして、VRで、この二つの特性を図15のようにミックスして、VRを真ん中にするとだいたいフラットになるのである。で、このVRでのミックス率を変えると、低域や高域をいじれるようになっているわけだ。

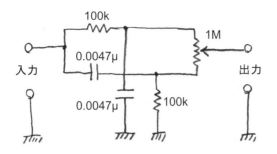

図14　ワンノブトーンの回路図

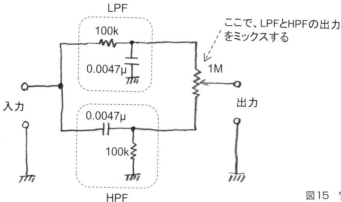

図15　ワンノブトーンの回路を書き直すと

　LTspiceでやってみた結果が図16である。Fender定番トーンのようにきれいではないが、低域と高域をある程度ブーストして、加えて減衰も入るのが分かる。つまり、例えばPot = 0 : 1000kにすると、低域は10dBほどブーストされ、高域は300Hzあたりからだらだら減衰している。それから、ポットを中央にしても高域が3dBほど落ちて完全にフラットにならない。いろいろ試してみると、Pot = 650k : 350kあたりで完全にフラットになる。そして、そのときの信号の減衰が12dB（比でいって1/4ぐらい）ぐらいになることが分かる。このワンノブトーンがよくできているか、いないかは、定量的に追及しても分からない。ただ、実際に使ってみると、普通のギターアンプのTreble、Middle、Bassを微妙に調整するのが面倒な自分には、なかなか便利である。

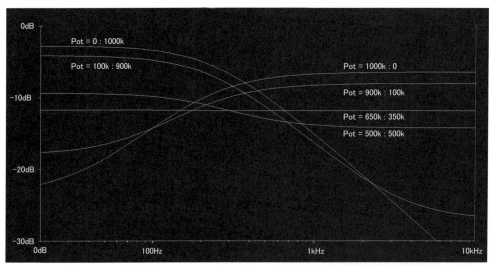

図16 ワンノブトーンの周波数特性。Potの二つの値は、図14のポットの上側の抵抗と下側の抵抗を表している。足し算すると1000kΩ = 1MΩになる。

2-7 オカルトについて

　ここでは、かなりきわどい話題を、あえて取り上げてみようと思う。それは電気におけるオカルトの話である。ここで言うオカルトとは何かというと、電気特性的には影響はほとんどないにも関わらず、それをすると「音が良くなる」という現象のことを言う。たとえば、コンデンサや抵抗の銘柄違いとか、真空管のメーカーの違いとか、そういうのはまだいいとして、線材の違いとか、ハンダの違いとか、ヒューズの違いとか、線材の被覆の色とか、になってくるとだいぶ怪しくなってくる。実際、このオカルトは商売と結びつくと怪しさが増し、以上のようなオカルト商品を、過剰な宣伝とともに、ひどい高値で売る、ということがかなり横行している。そっち方面では、オーディオ関係がかなり重症だが、エレキギター、ギターアンプにおいても事情はあまり変わらず、けっこう活発である。

　それでは、このオカルトというのは単なる気のせいであって非科学的なバカげたことなのだろうか、と考えると、僕の意見ではそれは違うと思う。たとえばシールドを変えるとたしかにギターの音は変わる。シールドなんてただの銅線なのでケーブル長と容量成分がだいたい同じなら人間の耳には感知できないほどの差しかないだろう、と電気的には言いたくなるのだが、劇的に音が変わる、ということは確かに起こるのである。シールドだけでなく、極端に言えば、オカルト的なことをすると、なんであっても音は変わるのである。

　ちなみに、僕自身はそれほど音にセンシティブではなく、たとえばシールドを変えて「うわ！ぜんぜん違うじゃん！」となることはほとんど無い人間である。これは長年ギターを弾いていてそれなりに悟ったのだが、僕のパーソナリティに起因していて、自分は性格的に、「その場で与えられたモノを受け入れてそこから音を作る」タイプだからだと思う。これまで、「林が弾くとどんなギターでも同じ音がするから、高い楽器を買う必要はないな」とだいぶ言われてきたものである。そう、つまり、オカルトには、それを受け入れる側の性格にも大きな要因があるのである。

　電子工学を学んだエンジニアタイプの人には、このオカルトを目の敵にする人が一定数いて、オカルトは、非科学的であり疑似科学でありくれぐれも騙されないように、と、全力をあげて否定する人がけっこういる。僕は電子工学の出身で博士まで持っているが、その立場で言うと、僕の考えでは、その手のエンジニアの方こそ「科学的ではない」と思っている。科学というのは、測定可能で再現性があることについてはすべて扱うことができる学問で、オカルトはたくさんの人間が経験している再現性のある現象なので、十分に科学の対象になる。それを「非科学的」とするのは、既存の古い電子工学を適用すると、それに反している、と言っているだけで、それはただの科学上の論争の一つに過ぎない。それだけの話なのに、それを盾に、オカルトに「非科学的」というレッテ

ルを貼ることは、科学的におかしい。

　おそらく彼らは既存電子工学でカタが付かない現象を、すべてプラシーボなど心理的なものとして片付けたいと考えていることが多いが、そういう見解も科学の一種の方法論の一つに過ぎず、そうやって、分離しなくてもいい問題を無理に分離してしまうことで、科学的探究の上で失ってしまうものも多い、と知るべきであろう。

　以上、科学哲学みたいなややこしい話なのでスルーしてしまっていいが、オカルトは非科学的だ、と断定するより、オカルトにハマっている方が楽しい電子工作ライフが送れるし、豊かな音楽ライフも送れるし、人生楽しいので、僕としてはそっちをお勧めしたい。

　以上のことから、ここでオカルトを取り上げてみようと思ったのである。ただ、さきほど言ったように僕自身があまり音の違いが分からない人間で、オカルトにはそれほどハマらなかったので、多くの経験があるわけではなく、ここでは、巷でいろいろ言われているオカルト事例と、それから若干の自分の経験と、電子工学的な考察も含めて、いくつかの電子部品のオカルトについて解説してみようと思う。

■ コンデンサ

　コンデンサの交換はエレキギター、アンプ、エフェクターの自作派にとっては、定番中の定番のオカルトであろう。まったく同じ容量のコンデンサを、別物に交換し、音の違いに悦に入るのである。定番なので需要も多いのだろう、オカルトコンデンサの種類はかなり多い。銘柄もヴィンテージものから今現在のものまでいろいろである。みなさんも、オレンジドロップとか、ビタミンQとかバンブルビーとか、ブラックビューティーとか、聞いたことがあると思う。

　コンデンサ交換の一番の需要はおそらくエレキギターのトーン用のコンデンサだと思う。楽器屋へ行くと、このコンデンサが一個だけビニール袋に入ってたくさん並んでいるのが見られる。たとえばトーンコンデンサの定番の0.047μFなど、秋月でフィルムコンデンサ普及ものが15円ぐらいで売っているところここではたった1個で千円から数千円する。百倍の値段差である。それだけ高いものなら、交換して音が良くなって当然と思うのは人情であろう。

　さて、それでは電子工学的にはどうかというと、実際のコンデンサは、純粋コンデンサ成分だけでなく、直列抵抗のESRや、高周波特性、誘導成分、漏れ電流、などなどいろいろな電気的性質がある。これらはコンデンサの種類（フィルム、セラミック、マイカ、スチロール、オイル、ペーパーなどなど）や、メーカーによってもけっこう異なる。純粋コンデンサ以外の成分は電気回路の意図された働きを阻害するが、問題は、これが人間が聞く音になって出て来るとき、これら不純成分が音に良く作用するか、悪く作用するかは、まだまだほとんど分からない、ということである。そんなことなので、ヴィンテージの、高いけど経年変化で息も絶え絶えなオイルコンデンサーを付け替えたら、音が激変して凄く良くなった、などということも起こるわけであろう。それから以上の不

純成分は回路的に、ほとんど高周波域だけで問題になり、ギター音などの低周波では影響はごくごく僅かである。で、これまた、電気的にごく微量であっても、音になって出て来ると、その微量成分のせいだか、音が激しく違ってしまうということも起こる。これについては、現在の電子工学はほぼ無力である。電気特性と人間の感性の間の関係がまだ、きちんと解明されていないからである（研究している人はいるはずだが）。

　しかし、このように、コンデンサの種類や銘柄やヴィンテージ物などによって純粋コンデンサ以外の不純成分に明らかな違いがあるという電気的性質があるのに、ひとからげに非科学の代表語のような「オカルト」と称して話を進めてしまい、自分としてはいくらか心苦しい。前に書いたように、これら電気的性質が、人間が聞く音にどのように影響するかは、電子工学的に未解決な問題で、それゆえにこの分野では長い経験がモノを言う。その経験に基づいて、「このコンデンサは固いけどレンジが広くて良い」とか「このコンデンサは中域にピークがあってエロい」などという言葉も出て来るわけである。これらはまさにアート的感性の世界で、電子工学のように一意に割り切れるものではなく、それを総称してここではオカルトと言っている、と考えて欲しい。

　エレキギターのトーンコンデンサの話ばかりしてしまったが、真空管ギターアンプの中の回路のコンデンサはどうか、というと、これまたプロを含めていろいろで、いちばんよく見るのはオレンジドロップな気がする。相応に高いコンデンサで、1本数百円ぐらいであろうか。ちなみに僕はどうかというと、普及版のそのへんのフィルムコンデンサを使っている（1本数十円）。あとBrightスイッチのコンデンサやトーン回路などでのpF級のコンデンサには、ディップマイカやシルバーマイカが高級品として使われることがある。1本数百円で高い。いずれにせよ、とにかく自分でやってみることをお勧めする。僕はそれをしたあげくの数十円コンデンサなのだ。その手のお店に行けば、コンデンサの種類ごとに、例えば、「音が太くなるが低音で高音が阻害されることもなく音に艶と存在感が出る」などと書いてあるわけで、それを鵜呑みにするか、懐疑的だがやってみるか、スルーするかは各自に任されている。

■ 電解コンデンサ

　真空管アンプでは電解コンデンサは電源回路で使われるだけで、音声信号の部分ではカソード抵抗に並列にバイパスとして使うだけである。エフェクターなどは結合コンデンサとしてこの電解コンデンサが使われることがあるので、オカルト度もアップするかもしれない。お店へ行くと、音響用とうたわれた電解コンデンサがいくつかあり、並の電解が黒いところ、金色のルックスだったりして、購買欲を高めている。あるいは、オレンジドロップなどいろいろなコンデンサを出しているスプラグ（Sprague）のATOMという電解コンデンサがわりと人気で、値段は普及品の倍ぐらいだろうか。

電子工学的にいうと電解コンデンサは、先に述べたふつうのコンデンサと同じ問題に加えて、温度特性とか大きな漏れ電流とか、高周波特性の劣化、などいろいろ問題はある。音響用とか、高価なSprague ATOMとかが、これらの特性を改善して作られているそうだが、それほどはっきり分からない。第一、それによって音が良くなるか、と言われれば少し疑問である。電解コンデンサについては、どうやら、普及品のアルミ電解コンデンサ（一般に黒いヤツ）でも、現代では十分に改善されていて、電気的に言っても、そのへんの電解コンデンサでも支障はないはずである。あと電解コンデンサは経年変化が大きいので、常に流通している一般的な品の方が買って安全ではないか、と自分などは思ってしまう。ただ、電子工学的にそう言われても、Sprague ATOMの黒地に緑の字とか、金色の音響用電解コンデンサとかはカッコいいわけで、自分も過去にけっこう買って使った。

■ 抵抗

抵抗のオカルト度はコンデンサほどひどくない印象である。もちろん抵抗にも種類（カーボン、ソリッド、金属皮膜、金属酸化物被膜（酸金）、巻き線など）があり、メーカーも種類もたくさんある。音響用抵抗と称する品も多く売られているが、金額はコンデンサほどの差はなく、十円が百円になるていどである。音響用として売られているものにはやはり詞書が付いていて、たとえば「厚みのある低音と滑らかな中高音を再生する」などと書かれている。そう言われてしまうと買いたくなるのが人情であろう。

電子工学的には、抵抗にも純粋抵抗以外に、誘導成分（コイル成分）や、あとノイズ発生源な性質などがあるが、コンデンサほどは要因が多くないようだ。ノイズ的にいうと、カーボンより金属皮膜の方がローノイズなので、初段などには積極的にこれを使う方がいいかもである。特に電流が多く流れ、熱くなるプレート抵抗は金属皮膜がよいとされる。かと言ってカーボンが悪いかというとそんなことはぜんぜんなく、カーボンでも十分で、それほど大きな違いがあるわけではない。ということで、このへんの事情はあまりオカルトが入り込む余地はなく、音響用抵抗というのが何者なのかは、はっきりは分からない。

真空管アンプやエフェクターなどでよく見るのは、カラーコードで茶色く、形状的に角の立ったソリッド抵抗かもしれない。ヴィンテージものによく使われていて、それで人気があるのだろうか。ソリッド抵抗は電気的には悪くないが、カーボン抵抗より経年変化が大きいそうだ。でも、あのすっきりした小さな円筒のルックスは捨てがたい。思うに、オカルトにとって、部品の色とか形とか、その姿というのはけっこう大切であろう。これらの物理的影響は不明だが、心理的影響はとても大きいと思う。それって気のせいじゃん、と言うなかれ。特にギターアンプとかだと、心理的に良いと思っているギターアンプでプレイすると、そのプレイも自然と良くなり、そのおかげでギターアンプから出て来る音も良くなる、という相乗作用があって、これはぜったいに見過ごせない。

■ 真空管

　真空管のオカルト度はわりと高い。同じ型番の真空管をメーカー違いで取り換えるのがいちばん多くやられていることであろう。真空管の場合、たとえ型番が同じでも、メーカーによってその電気的特性はわりと異なっていて、物理的に言って音が替わるのは当然とも言えるので、オカルトと呼べないかもしれない。真空管の中身を見ても、同じ型番なのに中の造りがかなり違う、というのも目に見えて分かる。なのになぜ型番が同じかというと、真空管の定格や、代表的な動作特性（たとえば、プレート電圧とプレート電流の関係を表すEp-Ip曲線）がほぼ同じだからである。しかし、どうやら実際に出て来る音は、この既成の特性だけでは表せないようなのである。ただ、その要因が何なのかは、なかなか分からないし、どこかで研究はされているだろうが、表立ってはあまり見ない。

　というわけで、真空管の差し替えはかなり大きな音質変化がある。昔のアメリカの名高いメーカーのWE（Western Electric）、GE（General Electric）、RCA（Radio Corporation of America）、Tung-Solなど、次にヨーロッパのMullard、Telefunken、スロバキアのJJ、ロシアのElectro-Harmonix、Sovtek、Svetlana、中国の曙光、日本の東芝、松下などなど、これ以外にもかなりの数がある。これらは、今でも製造をしているメーカー、製造停止になってストックものしかないものなど、いろいろある。

　あと、たとえば、現在のFenderのアンプにはGroove Tubesというブランドの真空管が使われているが、あれは選別会社といって、自前で真空管を製造せず、さまざまな製造元の真空管を取り寄せ、測定選別して、自社ブランドを付けて出しているものである。選別会社はいくつもあるようだが、その真空管の調達先はだいたい中国かロシアあたりらしい。中国管はおしなべて評判が良くないが、選定会社ではこれを測定し選定して提供しているので、外れというのは無く、その点は安心である。ただ、選定の作業が途中に入るからか、オリジナルの球より値段は高い。

　以上、いろいろな種類があり、同じ型名でも、製造元に応じてそれぞれにいろいろなオカルト的定評が付いているのは、日本だけでなく世界でも同じである。プリ管の代表格の12AX7のインプレッションの例をいくつか紹介しよう。

Electro-Harmonix：強力なバイト（噛みつき）感と歪みやすさが特徴。
Sovtek：スムースかつタイト。暖かみのある中低域。高域は控えめ。
Tung-Sol：パワフルかつタイトで、パンチがあり、明瞭。
Mullard：パワフルで、歪みやすく、高域の倍音成分に富む。
Svetlana：とてもクリアかつオープン。しかし高域が強すぎない。
JJ：スムースで暖かいサウンド。歪みやすく、高域の輝くような倍音を備える。

これらはアメリカの電子部品販売会社の情報、とのことだが、このように言われると、いろいろ替えてみたくなるであろう。そして、実際に、必ずしも以上の情報の通りとは言えないが、音の変化は確実に起こり、それが劇的だったりすると一気にハマるであろう。僕の経験談は、本書の「真空管の差し替え」の章の最後に書いておいたので、そちらをどうぞ。そこにも書いたが、この、劇的にアンプの音が違った経験で、やはりチューブ・オカルトは絶対にあるな、と思った。もっとも僕の場合は、それ一回で、それ以上ハマらなかった。そこは単に性格のせいであろう。

■ トランジスタ

　ソリッドステートアンプやエフェクタでは、トランジスタやICは基板に直接ハンダ付けされているものがほとんどで、交換は簡単ではなく、あまりやられていない分、オカルト度は落ちるとは思う。ただ、今回製作編でFuzz Faceを紹介したが、ことFuzz FaceではゲルマニウムPNPトランジスタへの憧れは強く、相応にオカルトな気がする。現在市販されているトランジスタは、その大半がシリコンであり、NPN接合が主流である。ところが、Fuzz Faceが出た1960年ごろはシリコンの技術がまだ未熟で、半導体の素材はゲルマニウムであり、使われたトランジスタはゲルマニウム製で、PNP接合だったのである。NPNとPNPは電源の接続が逆であり、かつてのFuzz Faceは電池の方向が逆で、グラウンドにプラス電圧が接続されていた。あと、深入りはしないが、トランジスタにはh_{FE}という電流増幅率があって、これが昔はたとえば50とか、だいぶ低かった。その後、トランジスタはアナログ増幅回路よりデジタルスイッチング回路に多く使われるようになったせいかh_{FE}が300を超えるものが多数になり、h_{FE}=100以下のものが極端に少なくなった。さらに、V_{BE}というベースとエミッタ間の電圧が、ゲルマニウムが0.2Vから0.3Vあたりなのに対して、シリコンでは0.6Vから0.8Vぐらいになっている。以上の、電気的性質の違いにより、Fuzz Faceの音は当然、現在のシリコンと昔のゲルマニウムでは違っているはずなのである。

　そんなわけで、Fuzz Face愛用の人には（僕もである）、根強いゲルマニウム信仰があり、一種の憧れにもなっている。以上のようなわりと明快な電気的な違いがあるので、これをオカルトと呼ぶのは違っているかもしれないが、ここには時代的なノスタルジーも入っていて、やっぱりゲルマしかないだろ！みたいに言う気持ちはFuzz Faceのファンのひとりとして、僕にも分かる。かくいう僕も、このまえ、古物市へ行ってたまたま見つけたゲルマニウムの2SA15と2SB73を買ってしまい、これでFuzz Faceを製作予定である。シリコントランジスタなら、たとえば秋月で2SC1815が1個5円のところ、僕の買ったヴィンテージゲルマニウムトランジスタは一本400円である。これで音が良くなるなどという根拠は皆無で、それでも買ってしまうので、この行動はじゅうぶん、オカルト的であろう。

　ところで、昨今の歪系のエフェクターは、Fuzz Face以外はだいたいオペアンプというIC（集積回路）が使われている。さらに、ダイオードクリップと言って、ダイオードが一定電圧で飽和する

特性を利用して、波形の上下をクリップする回路がオペアンプと組み合わされて使われているのがほとんどであろう。この場合、オペアンプとダイオードの交換は、ハンダ付けをいとわない人々の間で、けっこうやられている。エフェクターは小さく軽く手軽だからであろう。この場合も、オペアンプもダイオードもさまざまに電気的特性が変わるので、オカルトとは言い難い。しかし、歪ものはオーディオと違って、「よい歪」が出るものを電気特性だけに頼って設計するのは難しいはずで、それを皆がよってたかって良い歪音を求めて集団で実験を繰り返しているような状況になっているのは、なかなか面白い。オーディオには、満たすべき定番の電気特性（周波数特性、歪率、ダンピングファクターなど）があるが、エレキギターものにはそれが明確でない、というか、分かっていない。そんな時、集団実験はよい方法で、これぞ、電気的知識に基づく設計法と対になる、出音の経験に基づく設計法、というものの姿にも見える。

■ 線材

　この線材になってくるとかなり怪しくなってきて、オカルト度は格段に増す。というのは、線材は普通、銅でできただけのもので、ただ電気を通すだけで、特段の電気特性がからむと思えないからである。

　しかし、もちろん、導体であるという以外の電気特性はゼロではない。電気的にいうと、線材はごく小さいが抵抗分を持つのと、インダクタンス成分（コイル成分）を持つのと、被覆を誘電体として、近くを通る他の線材とコンデンサ成分を形成したりする。あと、良く言われるのが表皮効果で、線材に交流を流すと、電流は表面に集中するという性質がある。したがって交流の周波数が高いほど抵抗分は増すことになる。これにより、単線とより線の違いも出て来る。複数を束ねたより線の方が表面積が大きいからである。

　以上の電子工学的な解釈はできるものの、いずれの量も、ギター音のような周波数帯では電気的にごく小さい値であり、ふつうは無視して構わないものである。これら電子工学的な詮索にも関わらず、線材を替えることで音が変わる、というのは普通に一般的に認知されていて、けっこうやられていると思う。オカルト度はかなり高いと言わねばなるまい。

　さて、それではどんな線材がその対象になるかである。線材メーカーはたくさんあるが、なかでも有名なのはBeldenであろう。あとProvidenceとか、日本のオヤイデ電気とか、いろいろある。それからヴィンテージ線材というのも人気があり、有名どころではWE（Western Electric）の古い線材であろうか。Beldenのヴィンテージというのもある。これらヴィンテージ線材は、今の線材のように素っ気ないビニールでつるっとしてなくて、被覆が編んだ布だったり、独特の色合いだったり、けっこう美しいもので、それも好印象を与える。あとは、線材が単線かより線か、その太さの大小、より線の線が何本か、といった要因もからんでくる。はなはだしい場合、線材の被覆の色によって音が変わるというのもある。これなど物理的に言うと、色付けの染料の特性による被覆の

誘電特性の違いぐらいしか思いつかない。しかし、まさに、これらの組み合わせは大量にあるわけで、それら線材をどこの配線に使うか、などということもあり、ハマり始めたら切りがない事態になる。

　情報を調べると線材による音の違いは、けっこう明快な言葉で語られたりする。たとえば、デジマート地下実験室さんでのいくつかの線材についての言葉を引用しよう（デジマート地下実験室 * さんはちなみにこの手のオカルトを徹底して試していてすばらしい）。

- ダイナミクスが出ます。特に高域の周波数帯がよく出るので、ピックの当たる音や指の擦れる音も出やすくなります
- ハイ寄りというか解像度は高い傾向にある
- ローもハイもしっかり出ています。比較的、ドンシャリの傾向があるのかもしれません
- ちゃんとハイは出ているのですが、うるさくない
- 音の太さがあるのに、丸過ぎない！　ニュアンスもはっきり出ます。パワフルだし色気もある

　いかがだろうか。やはり、こう聞くと、やってみたいと思うのではないだろうか。ちなみに僕自身は線材に凝ったことはいちどもなく、経験がないのだが、あのカッコいいヴィンテージ線材などを見ると、ああ、これで配線し直してみたいな、という気持ちはいまもある。

■ ハンダ

　ハンダの種類で音が変わる、というもので、線材と並んでオカルト度は高めであろう。たしかに、タレットボードであろうとラグ板であろうとプリント基板であろうと、部品と配線の間にはこのハンダが介在しているわけで、線材で音が変わるなら、ハンダで音が変わって当然、という考え方もできるわけだ。

　一般的なハンダの組成は、錫（Sn）60％、鉛（Pb）40％で、これに、ハンダ付け対象の金属の酸化を防ぐフラックスが入っているのが普通である。組成には、錫50%/鉛50%というのや、環境配慮の鉛フリーハンダの錫99％/銀0.3％/銅0.7％というのもあり、いろいろである。例によって音響用ハンダというものもあり、いろいろ出ており、見た感じ、銀の含有量を増やしているのが多い印象である。メーカーも、ケスターとかダッチボーイとかいろいろあるようで、ヴィンテージハンダというのもある。

　それぞれのハンダの効果とオカルト度は、線材のときとだいたい同じで、それぞれのハンダの音がいろいろ語られている。

デジマート地下実験室　https://www.digimart.net/magazine/column/labo/

真空管ギターアンプの製作・解説・改造修理

■ ヒューズ

　エレキギター界ではあまり聞かないが、オカルト・オーディオ界ではよく聞く、ヒューズにより音が変わる話である。電気的に考えると、ヒューズで音が変わる、というのはけっこう最高度のオカルトになる。というのはヒューズはAC電源のすぐ後に入るもので、音声信号には直接まったくタッチしていないからである。増幅回路を駆動する電源回路の電源トランスの前に入っているだけである（整流後B電源になった後に入れるヒューズもたまにある）。もちろん、電源の良し悪しで音はかなり変わる。とはいえ、ヒューズは切れない限りたった1、2センチの裸の線材に過ぎない。この線材が電源回路に及ぼす影響はほとんどゼロに近いはずである。いま、手持ちの2Aの管ヒューズの抵抗値を測ったら0.1Ω以下で測定限界以下であった。電源電圧はヒューズによって0.1Vも変わることは無いだろう。あとはリアルタイムの過渡応答だが、これもヒューズはただの線材そのもの、しかも1、2センチとなるとほとんどゼロに近い。などなどと、真面目に電気論を語るのもバカバカしくなってしまう。

　ところがである。やはりヒューズを交換すると音が変わってしまう、という経験者は多数なのがオカルトの面白いところだ。音響用ヒューズというものもいろいろ売っているようである。そのへんのヒューズなら1本30円ぐらいのところ一本で5千円超えというのもあるわけで、そりゃあ音のひとつも変わってくれないとがっかりしてしまうかもである。

■ コンセント

　ACコンセントやテーブルタップのオカルトまで来てしまうと、エレキギター界ではほとんど聞いたことがない。これらはほとんどオーディオ界での話になる。そう考えると、オーディオの人たちの方がオカルト度は高いと思う。楽器になると、なにはともあれ自分で演奏しないと始まらないわけで、オカルトで音が良くなっても、自分の演奏がだめなら意味もない。そのへんで現実に引き戻されるからであろうか。

　とにかく、オーディオではこのAC電源周りのオカルトもよく話題になる。すべての構成部品が純銅99.9%以上のテーブルタップとか、電源プラグとか、金・銀を使ったものやらいろいろある。オーディオ界ではこのAC100Vの電源周りは大問題で、これもおそらく聞いたことがあると思うが、コンセントより向こうの電力会社の分担にまで追求が及び、自分専用の電柱を立てて、自分専用のトランスまで載せてしまう人が現れる。あるいはそもそもACがいかん、ということで、すべてバッテリーで電源をまかなう、などというのもある。

　もっともここまで来ると、私的なオーディオでしか通用しない。エレキギター野郎は、結局、ライブ会場の電源を使うわけで、そこが分界点である。もっともバッテリーを持ち込んでアンプを鳴らすことなどは考えられるが、そんなの聞いたことがない。

153

■ おわりに

　電気におけるオカルトの話というのは世話ばなしのようなもので、ピンからキリまで広く行われていて話題に事欠かず、しゃべり始めるとついついダラダラと長くなってしまうもので、本稿も少し雑談が過ぎたかもしれない（極力セーブしてこれなので、本質的に呑み屋ネタのところが大きい）。繰り返すが、僕のオカルトに対するスタンスは、付かず離れずである。考え方は人によりいろいろだが、むしろ一度はやってみることで、自分に向いているか、向いていないかはすぐに分かるので、自分でやってみることを、お勧めする。

　あと、ここには書かなかったが、電気的にはその理由が割り切れないが、実際に音が激変するものはまだまだいくらでもある。たとえば、トランスやスピーカーやキャビネットなどがあるだろう。これらは物理的に特性なども異なるので、交換して音が変わるのは当たり前だが、しかし、どういう電気的スペックのものに交換すると、どういう風に出音が変わるのか、という因果関係はいまだにはっきりしないし、理論化されていないはずである。

2-8 LTspiceでシミュレーション

■ コンピュータシミュレーションについて

　ここでは、コンピュータで真空管回路をシミュレーションする話をしよう。回路設計ということで考えるとこれは、ちょうど、仮組みの回路を作って、これをあれこれ測定したり、音出ししたりしながら、部品の定数を変えてみたりすることに相当する。そう考えれば、仮組みの現代版みたいなもんで、やってることの本質はおんなじなのだが、ただ実際に行動しているところは天と地ほど違うのが、面白いところだ。シミュレーションの場合、もう、ひたすらコンピュータの前に座ってキーボードとマウスをごちゃごちゃいじる以外、体を何にも動かさないし、部品を買いに秋葉原まで電車に乗る必要もなにもない。実に、心身によくないお遊びな気もするが、まあ、それは別の話だ。

　ここではSpiceと呼ばれる、歴史的にも非常に古くから長年使われて来たアナログ電子回路のシミュレーションソフトの使い方について解説する。たぶんこの道で、日本でいちばん有名な人はAyumiさんという方で、彼のサイトではSpiceによる真空管アンプのシミュレーションがものすごく丁寧に解説されている（**http://ayumi.cava.jp/audio/index.html**）。すべてを無料で公開していてすばらしい。そして本も出ている。『真空管アンプのしくみと基本』という本（**http://gihyo.jp/book/2009/978-4-7741-3823-7**）で、これ一冊ですべてできるそうだ。ただ、サイトの内容を見ると大量の数式で、たしかに中学校の数学しか出て来ないのだが、僕が見てもなかなかついて行くのが難しく感じる。

　ところで、真空管ギターアンプのシミュレーションでネットをあさると、Spiceでシミュレーションしている人がぽつりぽつり見つかるので、検索してみるといい。一般的なアナログ回路設計の理屈が難しいので、Spice上でまずは仮組みして、素子の数値をいじってカットアンドトライで回路決定する人もいる。あと、シミュレーションソフト上で音を出している人もいる。シミュレーションソフトの入力にギターを録音したオーディオファイルを入れてシミュレーションして出力をオーディオファイルに落として鳴らすわけである。いろいろ調べてみると、Spiceにもたくさん派生ソフトがあって、たくさんのやり方がある。正直、最初のうちは自分もWebを調べていて途方に暮れた。

　というわけで、ここでは、なるべく読めばすぐ出来るように解説することにしよう。ここで扱うのは、Spiceの派生ソフトの一つの、Analog Devices社のフリーソフト「LTspice」である。Analog Devicesは超老舗なので、ソフトがいきなり無くなってしまうことも、無いだろう。あと、ここではWindowsのみについて解説する。LTspiceはMac版もあるので、Macでも同様にできるはずである。あと、パソコンの基本操作については解説しないので、パソコンができる人以外は難しいと思う。

■ LTspiceを真空管回路で使う

以下にその手順を説明する。よく読んでこのまま丁寧にやればだれでもできるはずである。

また、この手のフリーソフトは、ソフト自体のアップデート、そしてOSのアップデートなどによって操作法が変わったり、うまく動かなくなったりすることがある。僕はすでに8年ほど使っているが、それらアップデートは何度もあり、毎回微妙に違うところもあるが、おおむね問題なく動いているので、大丈夫だと思う。さすが天下のAnalog Devices社という気もする。以下は2024年9月時点での記述になるが、そういうわけで、おそらくしばらくは安定して使えると思うので、もし、この本を読んだ時点でソフトやOSのバージョンが違ったりしていても、まずは試してみて欲しい。ちなみにここでの使用OSはWindows 11 Homeである。

● LTspiceのインストール

まず、Analog Devices社のここのサイトへ行く

https://www.analog.com/en/design-center/design-tools-and-calculators/ltspice-simulator.html

「LTspice」というページで、ここに、「Download for Windows 10 64-bit and forward」というボタンがあるので、それを押してソフトをダウンロードする。2024年9月時点でVersion 24.0.12であった。macOSのボタンもあるので、Mac使いの方は挑戦してみて欲しい。ダウンロードが終わったらダブルクリックしてふつうにインストールする。

インストールしたらLTspiceを一応起動してみよう。オシロスコープの画面を写したプレーンが出てくるだけで何も起こりはしないが（普通に黒の地にしておけばいいのに・・・）、これがLTspiceの画面だ。それから、今後作業するときは、自分のフォルダを作って、そこに回路図とか新規部品とかを入れることになるので、どこでもいいのでフォルダを作っておく。

● 真空管を部品として登録する

LTspiceはもともとはディスクリートのデジタル回路やトランジスタ回路などのアナログシミュレータで、それらの部品の代表的なものはインストールパッケージの中にあらかじめ入っているのだが、真空管やトランスは無く、そのままでは真空管用途には使えない。なので、真空管回路で使う部品（つまり真空管や出力トランスなど）を自分で用意しないといけない。LTspiceでは、自分で部品を数式でモデリングして登録することで、使うことができる。部品登録は誰でもできるが、モデリング自体は当然、専門知識が無いとかなり難しい。

そこで、当の真空管やトランスの用意だが、やはりこれはAyumiさんのデータがすばらしいので使わせていただくのがいい。200本以上の真空管のモデルをフリーで公開している。サイトは以

下である。

http://ayumi.cava.jp/audio/index.html

ここの、「電脳時代の真空管アンプ設計―プログラム・データ」のWindows用をダウンロードして（安全性の問題でWindowsがダウンロードをブロックすることがあるが、構わずダウンロードする）、解凍して、さっき作った自分用のフォルダに入れる。

　次に、以下の手順でAyumiさんの真空管データを、LTspice用に作り変え、自分用に真空管部品を登録する。ここでは双3極管の12AX7を例にとって説明しよう。

　Ayumiさんのデータの中の.incというファイルが部品のモデリングのファイルである。一方、LTspiceの回路図上のシンボル（図形）を定義しているのが.asyというファイルで、これはLTspiceのインストールディレクトリの下にある。

　まず、Ayumiさんのデータを解凍したフォルダの中で12AX7.incを探し、これを作業フォルダにコピーする。次に、"C:\Program Files\LTC\LTspiceXVII\lib\sym\Misc" の中のtriode.asyを探し、これをおなじく作業フォルダにコピーして、これを12AX7.asyにリネームする。この12AX7.asyは、図形だけで中身の無い3極管で、さっきの12AX7.incとペアで初めて使えるようになるのである。ちなみに3極管のほかに、tetrode.asy（4極管）とpentode.asy（5極管）があるので、それらについてはそっちを使う。

　次に、12AX7.incをテキストエディタで開いて、「^」を「**」に全置換して保存する。LTspiceは、Ayumiさんの使っているSpiceと演算子の仕様が違うそうだ。

　次に、12AX7.asyをテキストエディタで開いて

```
SYMATTR Value Triode
SYMATTR Prefix X
SYMATTR Description This symbol is for use with a subcircuit macromodel that you supply.
```

という3行を探す。そしてこれに、12AX7.incの定義を参照する行を付け加え、名前なども書き替える。結果、4行になる。たとえば次の通り（2行目は変更せず、そのまま）。

```
SYMATTR Value 12AX7
SYMATTR Prefix X
SYMATTR Description This is 12AX7 made using Ayumi's lib
SYMATTR ModelFile 12AX7.inc
```

以上で、12AX7が使えるようになる。

ここで、.asyファイルと.incファイルの「ピン接続」について書いておく。asyファイルの中の
PINATTR SpiceOrder 1 とか PINATTR SpiceOrder 2 というのがあるが、ここの1, 2, 3というナンバ
リングと、incファイルの中の.SUBCKT 12AX7 A G K のA（プレート）、G（グリッド）、K（カソード）
の順番が対応している。

なので、他の真空管以外の部品（トランスなど）などを登録したいときは、この規則に注意して、
正しいピン番号に割り当てるようにする。

● 真空管回路を描く

これで準備が済んだので、LTspiceを起動して、まずは真空管回路を描くわけだが、描き方につ
きあんまりここで詳しくは説明しない。たぶん、あれこれやっているうちに描けるようになると思
う。ユーザーインターフェースは、デザイン的にイマイチだが、その分だけシンプルで余計なもの
がなく、僕はこの古臭いインターフェース、けっこうよくできていると思う。なので、マウス操作
していれば直感的に習得できるはず。ここでは、分かりにくいところだけあげて書いておく。

・まずは File プルダウンメニューの New schematic で白紙（灰色だが）を開いて、ここに部品を
置いて結線して行く。

・さっき作った真空管12AX7を使うときは、Edit プルダウンメニューの Component を選び、出
てきたポップアップ・ウィンドウの一番上にある Top Directory というプルダウンメニューで
12AX7.asy ファイルがある作業ディレクトリを選べば、12AX7が見えるはずである。それを選
べば回路図に置ける。（Component はアイコンからも指定できる。ICの形をしたアイコン）

・抵抗、コンデンサ、アースなどはアイコンから選べばいい。結線は、Wire アイコンでする。
抵抗やコンデンサを回路上に置いたら、その部品の上で右クリックして出るポップアップウィ
ンドウで、その部品の値を入力する。コンデンサの μF の μ は無いので、「u」を使う。

・直流電源は、いくつかあるみたいだが、Edit プルダウンメニューの Component（アイコ
ンもある。ICの形をしたやつ）で、インストールディレクトリの「C:\Program Files\LTC\
LTspiceXVII\lib\sym\Misc」の方を選び、その中の Misc の battery を選ぶと乾電池のシンボルが
出る。シンボルを置いた後、このシンボルを右クリックするとウィンドウが出るので、そこの
DC Value にボルト数を入力すればいい。

・電源などは「Label net」という機能を使うと便利である。Label net は、「net」と描かれたラベ
アイコンを押せば出る。たとえば直流電源に Vcc というラベルを付け、増幅回路の方の電源を
供給しているところにやはり Vcc というラベルを付けておけば、電源を供給できる。

・信号源は、Edit プルダウンメニューの Component の中の Misc の中の signal を使う。シンボ
ルを右クリックするといろいろ設定できるウィンドウが出てくる。デフォルトでは正弦波の

SINEがチェックされていて、DC offsetが0、Amplitudeが1ボルト、Freq（周波数）が1KHzになっているので、ここで数値入力して変えられる。

・この他、アンプの場合、ボリュームや出力トランスが必要だが、これらもデフォルトでは無いので、自分で登録しないといけない。これについては、後述する。

● シミュレーションする

回路図が描けたらすぐシミュレーションできる。

・Simulateプルダウンの Configure Analysis を選ぶと設定ウィンドウが開く。ここで、Transient を選ぶと波形のシミュレーションができる。

・取りあえず Stop time に 0.05（50mS）を入れて OK を押し、Simulate プルダウンの Run を選べばシミュレーションが始まる。

・図1のように、0秒から0.05秒の間の波形がウィンドウ上で見られる。ただ、回路図上のどこのポイントを見たいか設定しないと信号は出ない。回路図上で、波形を見たいポイントへカーソルを持って行くとプローブのアイコンになるので、そこで左クリックするとそのポイントの電圧波形が出る（複数波形のオーバーラップになっているときは、何回かクリックすると一つだけになる）。この図1の例では、Outputの導線の上を左クリックして出力を見ている。

・素子に流れる電流が見たいときは、回路図上で素子の上にカーソルを持って行き、変なクランプメータらしいアイコンが出たら左クリックする。そうすると、電流が見える。

・回路の各ポイントの直流電圧が見たいときは、信号源のSINEのAmplitudeを0にしてシミュレーションすれば、波形のグラフ上でバイアス電圧など直流動作が読める。

・次は周波数特性だが、この時は、まず信号源のsignalのシンボルを右クリックして、「Small signal AC analysis」で AC Amplitude に例えば1を入れておく。それで、Simulate プルダウンの Configure Analysis を選び、AC Analysis タブを選び、例えば、Type of sweep に Octave、Number of points per octave に5、Start Frequency に 20、Stop Frequency に 20000 を入れる。これで、20Hz～20kHzの周波数特性になる。

・Simulateプルダウンの Run を選べばシミュレーションが始まり、図2のような周波数特性グラフが出る。これも、回路図上でプローブを出して好きなポイントで左クリックすればいい。実線が振幅特性で、点線が位相特性である。

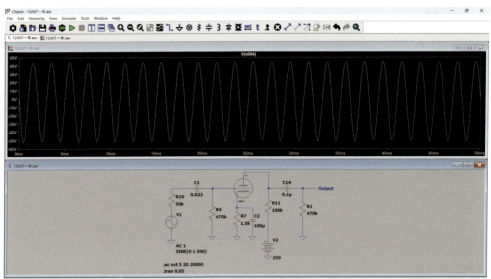

図1　出力Outputの電圧を見ているところ

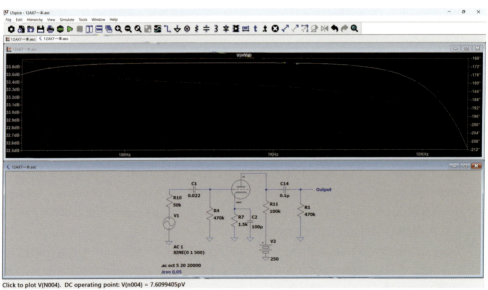

図2　出力Outputの周波数特性

サービスサイト*のサンプルデータに、Ayumiさん他の人たちのデータをもとに、僕が作った回路を入れておいたので、まずはそれを使ってみていただきたい。回路は12AU7のオーディオミニアンプである。

解凍したらsampleというフォルダの中の12AU7amp.ascをダブルクリックすればLTspiceが開く。この中に、出力トランスと可変抵抗の部品も入れておいたので、すぐに使える。ちなみに出力トランスのF-475はAyumiさんのデータの中にあるもので、可変抵抗(Potentiometer)は外国のどこかのサイトから落としてきたものである。

以上の参考サイト
Ayumi's Lab.: オーディオ：　http://ayumi.cava.jp/audio/
LTSpice を使う　by Kimio Kosaka：　http://make.kosakalab.com/ltspice/

■ 音をシミュレーションする

ここまででLTspiceで回路のシミュレーションは出来るようになったはずである。今度は、これを使って実際に音出ししてみる。これはなかなか画期的である、パソコンの上でアンプを作って、それでシミュレーションで実際に音まで出せてしまうのである。

これをするには、まず、エレキギターの音を録って、WAVファイルにしておく。それをLTspiceのシミュレーションの入力にして、それで、シミュレーションの出力をやはりWAVファイルに吐き出すようにする。そうすると、パソコン上に書いた回路を通ったWAVファイルができるので、これを鳴らせば音が聞けるのである。これは、すごく面白い。以下に、簡単に手順を書いておく。

- ギターの生音を録ってWAVファイルにして、作業フォルダに置いておく。ここではgtest.wavとする。
- 回路の入力の信号源(Signal)部品の上でcntrl+右クリックするとAttribute editorが開く。Valueというところに入っている値を消して、ここに「wavefile=gtest.wav」と入力する。これでWAVデータを入力にできる。
- 今度は出力を指定する。EditプルダウンからLabel Netを選ぶとラベル入力のウィンドウが出るので、好きな名前を付ける。たとえば「speakerout」と付けて、これを例えば出力トランスの2次側に付ける。
- 次に、EditプルダウンメニューからSpice directiveを選び、出てきたウィンドウに「.wave

output.wav 16 44.1k V(speakerout)」と書いて OK を押すと、この記述をどこかに置けという風になるので、空きスペースでマウスをクリックして、この記述を置く。これで出力の音が output.wav というファイル名で書き出される。

- 「16 44.1k」は WAV の仕様で 16 ビット、44.1kHz サンプリング周波数という意味である。最後の V の後のカッコの中が、先ほど名前を付けたラベルの名前になる。
- Simulate プルダウンの Configure Analysis を選ぶ。Stop time に書き出したい秒数（入力 WAV ファイルの長さ以下）を入れる。
- Simulate プルダウンの Run を走らせる。

シミュレーションはけっこう時間がかかる。ちなみに自分の PC では 10 秒の音源で 5 分以上かかった。いろんな条件でこれは変わるらしく、10 秒やるのに 1 時間以上かかったこともある。

■ サウンドシミュレーションの例

　以下は、実際の部品で組んで鳴らしたことのあるミニギターアンプのデータである。サービスサイト*にあるデータの中の soundsimulation というフォルダの中の Miniamp.asc というファイルをダブルクリックすれば回路図が開く。そのままの状態で、Simulate 〜 Run すると 10 秒間の音のシミュレーションが走り output.wav の作成が始まる。一見、なにもしていないように見えるが、LTspice のウィンドウの一番下のところにたとえば "73% done" という風に進行状況が表示されている。

　それでは、サービスサイトの以下に、ボリュームやトーンを変えてシミュレーションした例を挙げておく。入力音源と出力音源のペアである。使ったギターは 74 年のムスタング。フロントピックアップのみで、ギター側のボリューム、トーン共に最大である。

■ Input guitar 1 —-> Output Clean, Vol:0.2, Tone:0.0, Gain:0.1, Master:0.05

　Vol は入力直に入れてあって、ギターの入力レベルを調整する。これは実際の入力の実態と合わせておらず、これを合わせないと、歪み方の査定は実際にはできない。今回は適当にしてある。トーンは、0 がトレブル側、1.0 がベース側である。この音は、トレブル最大で、Gain を絞って歪なしのクリーントーンである。入力の音にけっこう近いクリーンだが、低音弦などはきれいに抑えられていて、まあまあの音。

■ Input guitar 2 —-> Output Distortion, Vol:0.2, Tone:0.5, Gain:0.5, Master:0.03

　Gain を半分まで上げて歪ませたもの。ただし、ここで使った Pot は全部 B 型なので、本当は A 型で登録しないと 0.5 の位置は実態に合わない。トーンは中間の 0.5 なので、このトーン回路では、ほぼフラットな特性。あんまりきれいな歪ではないけれど、シミュレーションでやっているのは、

サービスサイト　https://rutles.co.jp/download/550/index.html

いわば、アンプのヘッドフォン端子にヘッドフォンつないで聞いている状態なので、高音側のギスギスがけっこう聞こえる。スピーカーから出すと、このギスギスのかなりは消えて行くので、こんなものであろう。

■ Input guitar 3 —-> Output WomanTone, Vol:1.0, Tone:1.0, Gain:1.0, Master:0.02

いわゆるウーマントーン。VolumeとGainを1.0の最大にし、Masterで絞っている。トーンは1.0でベース側に回し切り。この音は、実際に弾いた音とかなりそっくりで、なかなか感動。

　以上である。一点言えるのが、今回使った出力トランスが実態と合っていないので、その部分は本来は実際のOPTを計測してSpiceモデリングしないといけない。今回は、Ayumiさんのデータの中のF-475というモデルを使わせてもらった。5kΩ:8Ωのトランスで、一次側のインダクタンスが21.5Hと書いてあり、けっこう大きいので、オーディオ用の高級めのOPTのモデルだと思う。

2-9 アンプの測定

ここではアンプの特性の測定方法を解説するのだが、ギターアンプの場合、はっきり言って必要なのはパワーのワット数のみで、それ以外はほとんど不要である。だいいち、ギターアンプでパワー以外の特性など見たことがない。ということなのだが、ここではオーディオアンプを作る人のことも考えて、主にオーディオアンプでよく測定される特性の測り方を解説しておこう。あと、ギターアンプの人も、知っておいて損はないであろう。

■ 必要な機材

測定というのは、実際は、厳密にやるのはけっこう難しいものなのだが、ここでは簡易的な方法だけを紹介する。アンプの測定に最低限必要な機材は、低周波発振器と、テスターと、ダミー抵抗（ダミーロードともいう）である。

まず、低周波発振器だが、単体で売っている低周波発振器には廉価版というのもあまり無く、数万円以上もする。まず普通の人は測定だけのために高価な機械は買いたくないだろうし、自分も持っていない。こんなときは、スマホやパソコンのアプリを探すとソフトウェアの低周波発振器（Singal generator）があるので、探してインストールすればスマホやPCの出力を低周波発振器がわりとして使える。ちなみに僕は、PCでWaveGene（オリジナルが停止しているのでWebアーカイブのリンク：https://archive.org/details/wg-150）というフリーソフトを使わせてもらっている。

ところで、スマホやPCの出力はオーディオ出力しかないので、基本、可聴周波数の20Hzから20kHzまでしか出ない。20Hzより低い周波数や、20kHzより高い周波数になるとそもそも出ないので特性を調べることはできない。聞こえない音なんか関係ないじゃん、と思うかもしれないが、現代型ハイエンドオーディオアンプでは何かとうるさく、聞こえない周波数の特性もよく問題になるのである。もちろんギターアンプの人には何の関係もないことであるが。

あと、スマホやPCの出力自体が20Hz近くの低音、20kHz付近の高音ではきちんと信号が出ておらず、減衰してしまっているということも起こり得るので、このやり方では、超低音と超高音はあまり信用できないことも押さえておいた方がいい。

次にテスターである。テスターはAC電圧が測れればよいが、測定できる周波数レンジに気を付けないといけない。安物のデジタルテスターの中にはAC電圧測定のレンジが、例えば40～400Hzなどというのがあり、これでは周波数特性をフルレンジ（可聴周波数の20Hzから20kHz）で測定することはできない。自分の持っているテスターの仕様を調べて確認しておこう。

ダミーロードは、出力ワット数に余裕のある8Ωの抵抗を使う（出力4Ωのアンプならもちろん4Ω）。ギターアンプだと60Wや場合によっては100Wというのもあるので、真面目に100Wの抵抗を探そうとすると大変なことになるが、自分が測るパワーを考えて用意しよう。測定は基本は短時間なので、若干、抵抗の定格パワーを超えても、熱くはなるが、まあ、大丈夫である。僕は20Wのセメント抵抗でやっている（とはいえ20W以上のアンプを作ったことがないのだが）。

以上三つのほかに、理想的にはオシロスコープ（シンクロスコープとほぼ同じ意味）があると完璧である。波形から電圧を直読できるし、何より波形が見えるので信号が歪んでいる様子もすぐわかるし、特に、超高域で発振しているときなどもオシロスコープなら一発で分かる。ただ、オシロスコープは単体で買うと最低でも5万円以上はして高価なのが困りものだ。自分は韓国製のブラウン管タイプの3万円ていどの安物を使っているが、それでも十分で、非常に役に立っている。最近だと、液晶のハンディータイプのデジタルオシロの安いのがあるので、それでもいいと思う。あと、PCのマイク入力端子を使って、ソフトでシンクロスコープというものもあるので、興味があれば探してみるといい。（例えばコレ： http://www.vector.co.jp/soft/win95/art/se376225.html）

それでは、以下に項目別に測定法の紹介をしよう。

1）パワー測定

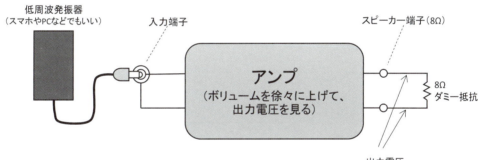

図1　パワー測定の系統図

ギターアンプの場合、アンプのパワーは、唯一の指標であろう。まずギターアンプのパワー測定を考えよう。ギターアンプの場合はほどほど歪んだ状態でのパワーを測定すればいいので、わりとイージーに測定できる。図1のように、入力に低周波発振器をつなぎ、スピーカー端子にダミーロードをつなぎ、テスターのAC電圧レンジで測る。周波数は1kHz（あるいは400Hz。特に決まりはな

い。ちなみにギターの音は80Hz〜5kHzていど）でいいと思う。ボリュームを上げて行くと、電圧も上がって行き、あるところであまり上がらなくなるが、そのへんが歪ポイントである。その時の電圧E (V)を読み取り、次の式でパワーを計算する（ダミー抵抗が8Ωのとき）

$$P(W) = \frac{E^2}{8(\Omega)}$$

　たとえば10V出ていたら、12.5Wということになる。うるさくても平気、という人だったらダミー抵抗ではなくスピーカーをつないだ状態で測ってもいい。
　あと、ギターアンプの場合は、もうちょっと荒業もある。エレキギターをつないで、テスターをつないで（ダミーでもスピーカーでもいい）、その状態でボリュームをフルテンにして、エレキをギャギャギャギャとかき鳴らしてテスターの読みを直読するのである。
　以上がギターアンプの場合だが、オーディオアンプはこんな大雑把ではふつう、ダメである。アンプの特性に、信号がどれぐらい歪んでいるかを示す歪率（0%が無歪みで、数値が大きくなるほど歪みが大きい）というのがあって、それが、例えば10%とか5%とかのときの出力をもってオーディオアンプの最大出力とすることが多い。この場合、歪率が測定できないといけないわけだが、歪率の測定には歪率計という特殊な測定器が必要で、非常に高価で普通の人はまず持っていないし、マニア以外買う必要もない。というわけで、次の、入出力特性からラフに最大出力を読み取る方法になると思う。

2）入出力特性

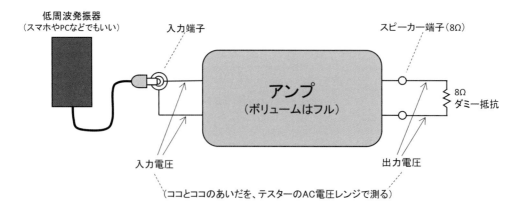

図2　入出力特性と周波数特性の測定時の系統図

パワーアンプの入出力特性とは、ふつう、入力電圧の変化に対する出力パワーの変化を両対数のグラフにプロットしたものである。測定は、パワーのときと同じく図2のように、入力に低周波発振器、スピーカー端子にダミーロードをつないで、ボリュームをフルにした状態で、発振器の出力を変えながら入力と出力のAC電圧を測る。周波数は400Hzとか1kHzで測定するのが普通。測ったら、先に出した式で出力電圧をパワーに変換する。

下の表1は、僕の作ったとあるオーディオアンプを測定して得られた測定値である。この値を両対数のグラフ用紙にプロットしたのが図3で、これが入出力特性のグラフ表示である。もうちょっと右の方まで測る必要があったのだが、PCの出力レベルが足らずここまでになっている。

表1　実際のアンプで測定した入出力特性の結果

入力電圧(V)	0.018	0.026	0.033	0.062	0.112	0.196	0.305	0.463	0.53	0.562	0.629	0.707	0.797	0.89	1.00
出力電圧(V)	0.118	0.169	0.213	0.387	0.688	1.194	1.855	2.805	3.165	3.28	3.55	3.82	4.07	4.24	4.40
電力(W)	0.0017	0.0036	0.0057	0.019	0.059	0.18	0.43	0.98	1.25	1.34	1.58	1.82	2.07	2.25	2.42

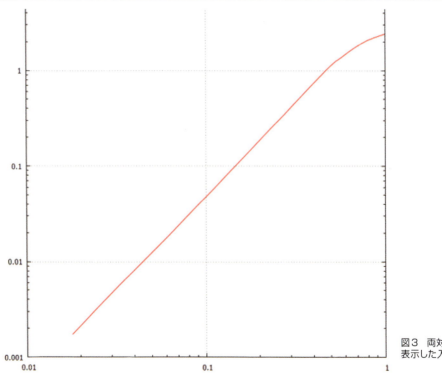

図3　両対数で表示した入出力特性

両対数に入力電圧と出力パワーをプロットすると、歪まずに増幅している領域では、数学的に言って傾き2の直線になる（ちょっと急な直線）。で、歪み出すと直線でなくなり、クリップする様子がそのまま直読できる。図3を見ると、1.3Wぐらいまではきれいに直線で、そこらへんから応答がやや下がって来る。ただ、急に下がることは無く、だらだらと2.3Wぐらいまで上がり続ける。ちなみに、図3のグラフが急じゃなくてちょうど45度の直線になっているのは、縦軸と横軸のスケールがよく見ると1:10になっているからである。

　このだらだらとクリップするカーブは、このアンプのような無負帰還（NFB）のアンプに特徴的なものである。NFBを深くかけると、あるところまで直線だが、突然ガタっと落ちるような特性になる。このカーブから最大出力を一律に読むことはできないが、目安的にクリップしたあたりを読めばいい。この図だと2Wていどということになるだろう。そして、このときの入力電圧が「入力感度」である。グラフから読むと0.75Vである。

3）周波数特性

　入出力特性のときと同じように測定機器をつなぎ（図2）、周波数を1kHzにして発振器の出力を調整し（ボリュームは歪まなければ、適当でいいが、自分はいつも半分ぐらいにしておく）、ダミーロードの両端が、たとえば0.5Vになるようにする。このときのパワーは、$0.5 \times 0.5/8 = 0.03125W$ $= 31.25mW$である（31.25mWの時の周波数特性、ということになる）。この状態で、発振器の周波数を20Hzから20kHzまで変えながら出力の電圧を読み取る。下の表2は、前述のアンプで測定した値である。ここでは基準は1kHzのときの0.5Vで、各値のこの0.5Vに対する比aを求める。

表2　実際のアンプで測定した周波数特性の結果

周波数 (Hz)	20	31.5	50	80	100	250	400	1k	4k	8k	10k	12.5k	16k	20k
出力電圧 (V)	0.18	0.28	0.36	0.42	0.45	0.49	0.5	0.5	0.5	0.5	0.49	0.45	0.33	0.21
比a	0.37	0.55	0.71	0.84	0.89	0.97	1	1	1	1	0.97	0.89	0.66	0.42

　そして、このaを次の式でデシベルに変換する。

$$dB = 20 \log_{10} a$$

　こうして得られたdB値を下の図4のように片対数用紙にプロットすると、周波数特性グラフができる。3dB落ちた周波数を読み取るとこれがアンプの帯域である。この図で3dB落ちるポイント

を読むと 50Hz 〜 12kHz になっている。

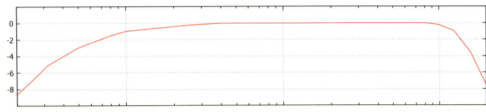

図4　片対数で表示した周波数特性

　それから、この周波数特性は、測定するときの出力パワーにも影響する。特に最大出力に近いと周波数特性は劣化するのである。最大出力付近でもうひとつ周波数特性を取っておくのもよいだろう。ちなみにギターアンプで周波数特性を取る意味はほとんどない。ふつう、トーンコントロール回路のせいで、すでに特性はフラットではないし、土台、意味がない。

4）ダンピングファクター (DF)

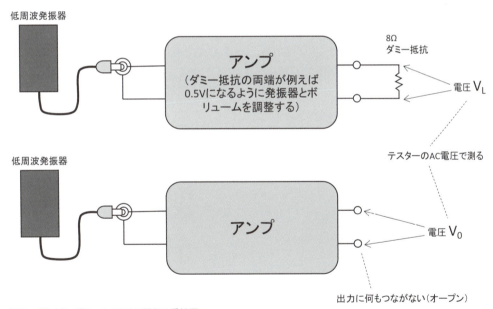

図5　ダンピングファクタ(DF)測定の系統図

169

ここでは簡易的なオン／オフ法を紹介する。図5の上の図のように機器をつなぎ、出力を例えば1kHzにして、ダミーロードの両端で例えば1Vになるようにする。次に、このままの状態で、電源をいったん切って、図5の下の図のようにダミーロードを外し、再度電源を入れ、出力電圧を読み取る。ダミーロードありのときの電圧をV_L、ダミーロードなしのときの電圧をV_0とするとDFは次の式で計算できる。

$$DF = \frac{V_L}{V_0 - V_L}$$

前述のアンプで測定したら、$V_L = 1.05V$で$V_0 = 1.52V$だったので、DFは

$$DF = \frac{1.05}{1.52 - 1.05} = 2.2$$

と、DFは2.2になった。このアンプ、現代型オーディオアンプの基準ではDFはぜんぜん足りないが（最近のアンプはどんなに小さくても10はある）、NFBなしの真空管アンプとしては2を超えているのは、いい線を行っていると思う。DFを改善するには、NFBをかけてみかけの内部抵抗を減らせばいい（その代わり音は変わる）。

ところでギターアンプではDFはまったく問題にならない。5極管（ビーム管）でNFBが無いと（あるいはNFBがあっても、わずかだと）、ふつう、DFは0.1あたりになる。むしろDFが1以下で小さいほどエレキギターでは迫力のある音がしたりするのである。逆にオーディオアンプのようにDFが10も20もあるようなアンプでエレキギターを鳴らすと、だいたいがつまらない平板なショボイ音しかしなかったりする。

5) 残留ノイズ

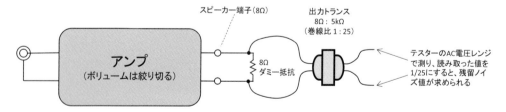

図6　残留ノイズ測定の系統図

真空管ギターアンプの製作・解説・改造修理

何も鳴らしていないときのアンプがいかに「静か」かというのを測るのが残留ノイズである。オーディオアンプではスピーカー端子における残留ノイズは1mVあたりが目安で、これを超えると耳障りなどと言われる。ただし、つなぐスピーカーの能率によってノイズの音量は変わるので、一律にどうと言うことはできないが、目安がそのぐらいである。

図6のようにダミーロードをつなぎ、ボリュームを絞りきって、そのときの出力交流電圧を測れば、それが残留ノイズ値である。ただし、1mVぐらいの小さい電圧になると、安物のテスターだとすでにAC電圧レンジの測定限界に達してしまうことがある。1mV以下のノイズ測定を追及したいのであれば、図のように、出力トランスを、スピーカー端子に逆に接続して、トランスの巻き数比による昇圧効果を利用して測定する方法がある。たとえば、図のように5kΩ:8Ωのトランス（巻き線比が25:1）であれば、テスターで測定した値を1/25にすれば求められ、かなりの精度で測定できることになる。前述のオーディオアンプを、このようにして測定したら0.5mVだった。ただし、これぐらいのオーダーになると、上図の測定系において、環境からの誘導ノイズを簡単に拾ってしまうので、線を極力短くしたり、シールドしたりしないと何を測定しているかわからなくなる恐れもあるので、目安ていどに考えておいた方が無難だろう。

それから上で、ボリュームを絞り切る、と書いているが、これはメインアンプ（パワーアンプ）を想定したときの方法である。もし、プリアンプも含めた残留ノイズが知りたかったら、プリアンプとメインアンプをつないで、すべてのボリュームをフルアップにして、入力をゼロにして測定する。入力をゼロにするときは、入力の2本の信号線をワニ口クリップとかでショートすればいい。

一方、ギターアンプでは、この残留ノイズはほとんど問題にならない。エレキギターをプラグインした途端、エレキのピックアップが拾う外来ノイズが大きいので、アンプ単体の残留ノイズなどあっという間にマスクされて聞こえなくなるからである。とはいえ、静かなアンプというのはそれなりに気持ちのよいもので、静かに越したことはないともいえる。

真空管とソリッドステート

　真空管とソリッドステートのどちらが音が良いか、というのは大むかしから論争の種になっている有名な対立である。オーディオの世界でもことあるごとに話題になっていて、おおざっぱにいって真空管派はわりと情緒的で、ソリッドステート派は合理的な感じの論調であった。どちらかの優位性をいうために、苦し紛れの電子工学もよく使われたものだ。たとえば真空管の二次歪み（上下非対称な歪で偶数高調波を含む）が耳に心地よいのだ、などという説明である。その手の古い電子工学知見に基づいた説明は、僕はだいたいまゆつばとしてスルーする。

　そういえば昔のことだが、アメリカの音響学会で発表された正規の論文で、この「真空管かソリッドステートか」の問題を真っ向から取り扱い、さまざまな分析研究を加えた長い学術文を読んだことがある。電子工学的な分析はさておき、結論を紹介すると、真空管というデバイスは、オーディオチェーンの一番最初、そして一番最後に入れると音質という意味で効果を発するそうだ。逆に、初段と終段以外では真空管とソリッドステートの差は見られない、と書いてあった。初段の手前はマイクロフォン、そして、終段のうしろはスピーカーである。いずれも物理音響振動がアナログ電気信号と接するところで、そこで真空管の実力が発揮されるというのは、なかなか面白い話である。

　僕は長年エレキギターを弾いてきたが、ソリッドステート・ギターアンプの超定番はローランドのJC (Jazz Chorus) シリーズであろう。ひところ、スタジオにもライブハウスにも、JC-120が必ず置いてあったものだ。JCはDistortionツマミがあるがそれをフルにしてもあまり歪まず、特にエフェクターで音作りをしない自分には、音がわりと無骨で、エッジが立たず丸い音なのに音が硬い、というイメージでとても使いにくい。ついこの前、とあるライブバーでのジャムセッションで、JC-120とDeluxe Reverbが置いてあって、両方で弾いてみたが、デラリバの方がはるかに弾きやすく、自分のプレイも好調だった。

　ギター弾きはエレキをギターアンプにつなぎ、そこから出て来る音を聞きながらプレイする。それは、人間 => ギター => アンプ => 人間と、人間に返って来るループになっている。ギターアンプの出音を聞いてプレイするので、好みの音であれば、プレイはおのずとよくなり、さらに良い音がアンプから出る、というポジティブなフィードバックがかかる。プレイヤーとしての自分は、その正帰還の波に乗るため、真空管が必要なんだな、と思う。

Making my Tube Guitar AMPLifier 2

改造修理編

3-0. 改造修理編まえがき
3-1. ブルース・ジュニア改造
3-2. ヴィンテージギターアンプの修理
3-3. ノイズを減らす

3-0 改造修理編まえがき

　ここでは、ギターアンプを改造して自分好みの音にしたり、あるいは、調子が悪くなったときに修理する方法について、解説する。

　はじめに、改造についてである。実は、ギターアンプを自分の好みの音になるように改造することは、広く行われている。日本ではそれほど聞かないが、本場アメリカでは、ものすごい数のアマチュアが自分のアンプを改造して楽しんでいる。ここでは、その具体的なひとつの例として、フェンダーのBlues Juniorを改造するお話をする。ひところアメリカで有名だったBillm Modの改造のプロセスを、詳しく一つ一つ解説し、この通りやれば、みなさんでもできるようになっている。

　次は修理である。ヴィンテージの真空管ギターアンプは何かとトラブルが多い。音が小さくなってしまった、音が出ない、ノイズが気になる、電源が入らない、などなど、実にいろいろである。そこで修理に出すのだが、実は修理は往々に、アンプ製作より難しく、かなりの知識、そして経験がないとなかなか満足の行く仕事はできない。実際にいろいろ修理をしてみれば分かるが、修理には経験の蓄積がかなりものをいう。なので、ここでは、これから修理の実践に入ろうという人向けに、その基礎について書いてみた。

3-1 ブルース・ジュニア改造

図1　Fenderのフルチューブアンプ"Blues Junior"

　ここでは、真空管ギターアンプの改造について語ろう。改造についての一般論ではなく、僕が実際に改造した例を取り上げて、その体験記のような感じで書こうと思う。取り上げるのは、1990年代の後半ぐらいにリリースされた、わりと最近のFenderのギターアンプ「Blues Junior」（図1）である。これを読めば、改造というのはどういうものか理解してもらえると思う。そして、これをクリアできれば、他にもいろいろな改造をする道が開けるはずである。それでは始めよう。

■ Blues Junior

　ここで取り上げるBlues Juniorだが、モダンになってからのFenderの製品で、なんとなく初心者向き、という印象がある。しかし、ここさいきん、いろんな中程度の広さのライブバーに出かけて、実際にそこでライブをやったり、ブルースセッションなどに参加することがあるのだが、このBlues Juniorを置いている店はけっこう多い。特別に「ライブハウス」と銘打った店ではなく、定員が50人以下で「演奏もできる店」というタイプである。これは、理由はたぶん簡単で、Blues Juniorは、価格が安いのにフルチューブアンプでけっこう音がよく、あまり重くなくて、それほどでかくもなく、15Wと小型だが音量が充分に出る、ということだと思う。Fenderも、きわめていい線をねらってきたな、と感心する。というわけで、Blues Juniorは自分的に、けっこう身近なアンプなのである。

　さて、あるとき小さなハコでライブをやることになったのだが、そこの据付けのアンプが半分以上へたっていることが判明し、ちょっと演奏のクオリティを出す自信がない、ということに遭遇した。おりしも、自分の使っている、ギター、エフェクター、シールドなどなどを次々新調して、自分の演奏の音のクオリティを上げようとしていた矢先だったので、悩んだ末、自分専用のアンプを買ってしまうのはどうか、と考えた。

　自分は車を持っていないし、重くて巨大なギターアンプをライブごとに持ち運ぶなんて論外だと思っていたので、それまではアンプを買うことは考えてもみなかった。しかし、ここでBlues Juniorを思いついたのである。先に書いたように、さいきん自分が演奏するハコは小さいので、ほとんどBlues Juniorで間に合ってしまう。しかも、Blues Juniorは14kgで、ガラガラのキャリーにくくればぎりぎり手持ちできる重量とサイズなのだ。

　で、問題はひとつ、「音」、である。このBlues Junior、なんだかんだで入門用なのは確かで、フルチューブとはいえ、なんとなく音にイマイチ感が漂う。そうか、ならば、改造して自分好みのアンプにしちゃおうか、というわけで、購入＋改造作戦を始めたのだった。

■ Blues Junior購入

　まずは、とにかく買うのが先決だ。どうせなら中古ではなく新品から改造して行きたいので新品を探す。結局、6万円ちょっとで購入。フルチューブアンプとしては、えらく安いと思う。それで、まずはそのまま使って様子を見よう、ということで先に書いたお店のライブのとき、手持ちで持ち込んだ。いくら軽めだとはいえ、14キロはさすがに疲れたが、まあ、それほど重労働ってわけじゃない。

　その日のライブは、新品のBlues Juniorに、74年のストラト、エフェクターは自作のFuzz Face、そしてVOXのワウである。わかりにくいかもしれないが以下のサービスサイト*にそのときの音を

サービスサイト　https://rutles.co.jp/download/550/index.html

載せておく。この演奏は、Fuzz Faceを踏みっぱなしで手元VOLで音量コントロールしている。

　それで、ライブ1セットで弾いてみた感想である。まず、音量だが、満員で50人ぐらいのハコで、ギター、ベース、ドラムの3ピースバンドであればまったく十分である。実際、マスターボリュームは半分以下で充分な音量だった。肝心の音の方はどうかと言うと、どうも高音がきつすぎる印象である。単純にキンキンしていて、なんだか音に腰がない感じだ。Fenderらしいといえば、らしいが、ちょっと音がキラキラしすぎである。

■ Billmさんの改造

　さあ、以上の実践結果を受けて改造である。回路図は購入すればちゃんとついてくる。図2の通りである。

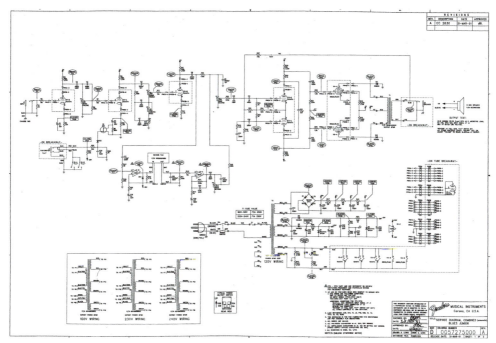

図2　Blues Juniorの回路図

見ての通りフルチューブと言っても、いくらか半導体も使っている。まず整流がシリコン、まあ、これはいいとして、リバーブの反響音を作る回路がオペアンプである。あと、FATスイッチのところにFETが一つ使われていて、最初は「この半導体で歪ませてるのか」と思ったのだけどそれは違っていて、これは2本目のプリ管のカソードバイパスコンデンサを入れるか入れないか電気的に制御しているだけであった。

というわけで、ギターの音が通っているところは一応ほとんどチューブであり、フルチューブアンプと呼んでもいいと思う。

さて、こいつの改造だが、回路図を見ているといろいろやりたくなるところはあるが、どうもやみくもにやってしまうのも道が長そうである。そこで、実績のある改造をまずはやってみようということで、Blues Junior改造記事をネットで探した。日本ではさっぱり見つからないが、さすがにアメリカではぼろぼろいくらでも出てくる。その中でもけっこう有名なのがBillm Audioというサイトである。

しかしこのサイト、残念ながら現時点でクローズしている。情報によればBillmさんは亡くなってしまい、引継ぎがうまく行かなかったらしい。従って、いまではかろうじて以下のWebアーカイブに昔のサイトが残っているので、それを参照するしかない。

https://web.archive.org/web/20200422090602/http://billmaudio.com/wp/

閉じてしまったとはいえ、このサイトは、非常に詳しく分かりやすく写真入りでBlues Junior改造を紹介していて、すばらしい。しかも当時は、改造キットも販売していて、Blues Junior改造実績1000台越え、とかすごいことも書いてある。この人、素性は知らないがたぶんプロではなく元はアマチュアであろう。そういう人が、詳細なサイト作成運営、改造キット販売、改造コンサル、改造作業も請け負っているとは、うーむ、さすがアメリカ、層が厚い。というか、DIYの精神がすごいというか、こういうところは感心する。

さて、ここでは、このBillmさんの改造で、自分がやってみたものを、改めて、その方法も含めて日本語で紹介してみよう。最初に僕がやってみたのは以下のとおりである。

(1) トーンコントロール改造。Middleの利きをよくする
(2) Presenceコントロール増設
(3) 結合コンデンサの容量を変える（これはオリジナル）
(4) Brightコンデンサ交換（これもオリジナル）

■ サーキットボードの外し方

　さて、まずは、改造するために、基板（サーキットボード）を外さないといけない。初心者にとっては、ここがいちばんの難関かもしれない。写真入りで手順を紹介しておこう。

　Billmさんのサイトでも、ここで但し書きが赤字で入っているが、僕も一言。これを真似するときはご自分のリスクでお願いします。半端な知識でやると、感電したり、アンプを壊したり、煙が出て燃えたり、いろいろある。さらに重要なのは、いったん改造してしまうとメーカーの保証は受けられなくなってしまうので、そこのところは、よろしく。真空管の勉強については僕の前著の『真空管ギターアンプの工作・原理・設計』というのがあるので、是非。

　さて、Blues Juniorは、手配線（ポイント・トゥ・ポイント）ではなく、プリント基板である。以下に、このサーキット・ボードを外す手順を説明する。

（１）ACプラグを抜いて裏板を外す

　当たり前だが、まず、ACプラグを抜く。感電したらシャレにならない。それで裏板を止めている６本のネジを全部外す。そうすると図３のように中身が見える状態になる。

図３　裏板を外した状態

（2）電源回路の電解コンデンサーの放電

　図4のように4つの灰色の大きな電解コンデンサが見えるが、これらに高圧がチャージされている状態だと感電するので危ない。ふつう、真空管がちゃんと熱くなっている状態（音が出るふつうの使用状態）で電源をオフにすれば20秒ほどでこれらは放電しているはずだが、電源を入れてすぐ切ったりすると残っていることがある。なので、まず最初に、テスターで一番大きな電解コンデンサの両端の電圧を測って、それが10V以下であることを確認してから作業した方がいい。もし、これが100V以上とかになっていると危険なので、10kΩていどの抵抗を介して放電してから作業する。

図4　電源部の電解コンデンサー4つ

（3）束線バンドを切る

　ケーブルを傷つけないように注意して束線バンドをニッパーで切っておく。

（4）ツマミとギターインプットジャックのナットの取り外し

　パネルのツマミを全部抜く。ツマミは差し込んであるだけなので、ゆっくりと均等な力をかけて

無理しないように抜き取る。中を見ると分かるが、ポット（ボリューム）はけっこうヤワで、プリント基板に直接半田付けされていて、壊れやすい。外れにくいツマミがあったときも無理せず、基盤側のポットをしっかり押さえて少しずつ抜く。あと、入力ジャックのナットを外す。

（5）スピーカーアウトとFATペダルのナットを外す

図5のように、スピーカーの上あたりについている2つのジャックのナットを外しておく。

図5　FATペダルとスピーカージャックのナットを外す

（6）電源トランスと出力トランスへ行くケーブルのプラグを抜く

図6のように、赤、茶、青のケーブルの金属プラグが基盤に挿さっているので、これらを全部抜く。電源トランスからは赤2本、茶2本、緑2本の計6本、出力トランスからは赤1本、青1本、茶1本の計3本である。けっこう固いので、落ち着いて少しずつ力を加えて抜いて行く。このときケーブルを持って引っ張らないこと。ケーブルが断線してしまう。あと、電源トランスの同じ色2本は極性がなく逆でもOKなのでご心配なく。

図6　出力トランス(OPT)と電源トランス(PT)のケーブル計9本を外す

(7) プリント基板のネジを外す

　基板上のネジを全部外す。さて、この状態でプリント基板は外れるようになり、基板の裏面にアクセスできるようになる。この状態においてもまだ、リバーブタンクへ行く線やパイロットランプへ行く線などが残っているのだが、うまくケーブルをさばくことによって基板は外すことができる。ただし簡単には外れない。

　基板にまだ接続されているケーブル類に余計な力が加わってしまわないように充分注意して、ゆっくりと全体のケーブルをさばきながら外して行く。なかなか外れないからといって、くれぐれも無理をしないように。ここで無理をすると、基板のプリント配線破損やケーブル断線など、かなりヤバイ事態に発展する。ここに来て、あ、オレやっぱ無理かも、と思ったらすみやかに自力改造は止めて、慣れた人を探すことをお勧めする（冗談抜きで）。

　プリント基板が外れると、図7のようになる。さあ、これで改造ができるようになったわけだ。

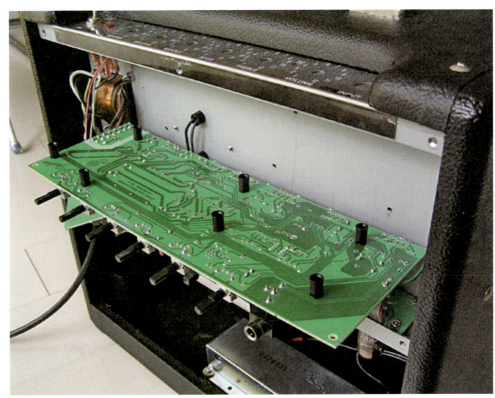

図7　基板が外れたところ

（8）元に戻すとき

　以上のプロセスを逆順にする。ただし、ギター入力ジャックとFATスイッチはけっこう壊れやすいようなので注意する。特に入力ジャックのナットは締め付けすぎると基板側を壊してしまうようなので、やさしく扱うこと。

■ それでは、改造4種

　では、今回改造したところを紹介して行こう。

(1)トーンコントロール回路改造

　トーンコントロール回路改造には2つある。

　まずはBillmさんの「Tone Stack Mod」である。これは、図8のようにBASSコントロールへ行っている0.022μFのコンデンサの値を0.1μFに変更する、というものである。Fenderの歴史的に言って、この値はほとんどすべてのアンプで0.1μFで、Blues Juniorだけ0.022μFなのは謎だが、これをオリジナルに戻す、ということである。

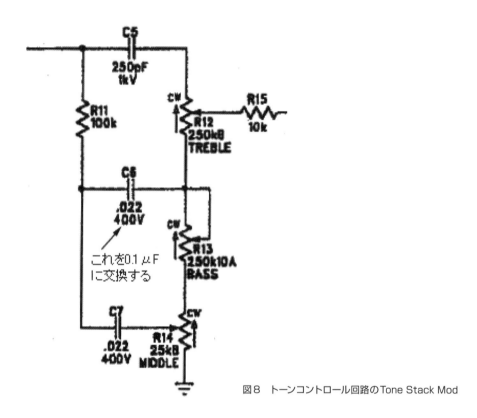

図8　トーンコントロール回路のTone Stack Mod

　C6のコンデンサは図9のようにBassのポットの横にあるので、これを外して0.1μFに交換する。これによって音がどう変わるかについてはBillmさんのサイトにあれこれ詳しく書いているが、要は「ベースを強調することでBlues Junior独特のこもった音を解消する」ということだそうだ。

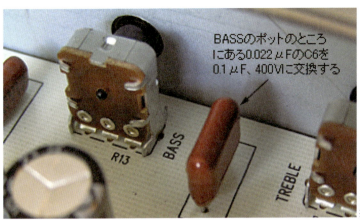

図9 Tone Stack Modで交換するコンデンサ

　実は、もともとついているコンデンサを外すのもちょっと大変な作業なのである。重要なのは、巨大な半田ゴテでやらず15Wていどのものを使うこと、必要以上長時間コテを当てないこと、無理してやらないこと、である。基板の銅パターンを壊してしまうことがあるからである。半田吸い取り線を使って、丁寧に作業しよう。

　はい、お次は、Billmさんの「TwinStack Mod」である。トーンコントロールをFenderのTwin Reverbのタイプに変更する、というものである。これはけっこう簡単な改造で、図10のように、トーンのMiddleのボリュームの一箇所をジャンパーでショートするだけである。Middleの裏側のところを下のように線でショートする。

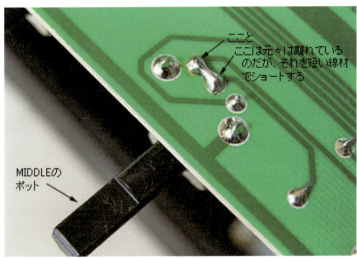

図10 TwinStack Modのジャンパー部分

これは何をやっているかというと、こういうことである。Blues Juniorでは、Treble、Middle、Bassを全部ゼロにすると、なにやらモヤモヤっとした音が出る状態になる。これはミドルのレベルが落ちきらずに少し出てきているのである。それで、これを改造して図11のようなツインリバーブタイプにすると、以上3つをゼロにすると音はまったく出なくなる。そっちの方がいい、という解釈である。

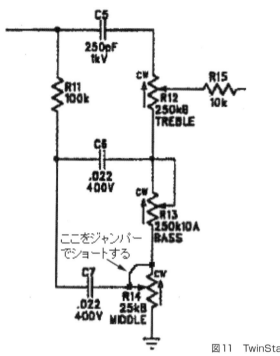

図11　TwinStack Modの回路

　Billmさんのサイトの説明によれば、この改造によって「Middleツマミの利きがとてもよくなり、よりクリーンでブライトなクリーントーンが得られ、さらに、より面白いディストーションサウンドが得られる」そうである。

（2）PRESENCEの増設

　これは、Blues Juniorにはついていない、いわゆるPRESENCEコントロールを付加する、という改造である。実は、この改造によりトーンはかなり劇的に変わる。Blues Juniorではまあまあな量のNFB（負帰還）がかかっており、このPRESENCEによりそのNFBを調整できるようにし、全開の

ときはNFBをほとんどオフにできる（無負帰還状態）のである。
　この改造はちゃんとやろうとするとかなり大変である。図12のように前面パネルのFATスイッチの下の場所に穴をあけ、そこにPRESENCEコントロール用のボリュームを取り付ける、ということをする。

図12　Billmさんの改造での増設Presenceツマミ

　これで自由にPRESENCEを調整できるようになり、かなり快適なのだが、それなりに大変なので、とりあえず自分は、こんな風にしてみた。30kΩの半固定抵抗をR25の7.5kの両端に半田付けする、という方法である。当然、これは裏板を外した状態じゃないと回せないので、まったくイマイチだが、これを自分の好きな位置にしておき、その状態で使おう、というわけだ。基板上では図13の通りである。

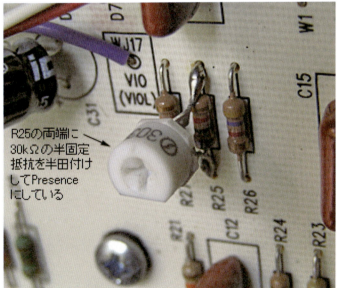

図13　半固定抵抗によるPresenceコントロール

図14の回路図のように、実はこの可変抵抗を今はR25につけているが、これをどこにつけるかでいろいろ変わる。R25の両端だと最大にしたとき「PRESENCE全開」になり、高音が強調されたギラギラした音になる。

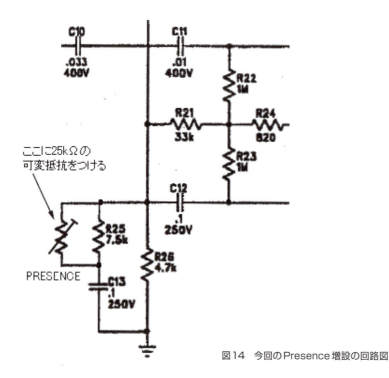

図14　今回のPresence増設の回路図

ここで、PRESENCE全開はギラギラすぎてイヤなので、高音だけでなく「全体に歪みっぽい感じを出したい」のであれば、半固定抵抗はR25の上側とグラウンド（C13の下側）に入れるといいかもしれない。まあ、とにかく、このへんは実際に音出ししながら試行錯誤が必要であろう。

（3）結合コンデンサ交換

Billmさんの改造では、結合コンデンサは残らずぜんぶオレンジドロップに交換する。そうすることで、こもった音をなくし、ディストーションをクリーミーにし、甘いクリーントーンが得られる、などなど、いろいろ書いてあるところは、ネット上に山のようにあるコンデンサ銘柄によるトーン作りそのものである。

僕の場合、実は、最初の方で言ったようにBlues Juniorをそのまま使ったら高音がキンキンで腰がないように感じられたので、とりあえずちょっと結合コンデンサの容量を増やしてみようと、考えた。もっとも、こういうのは実はあんまり根拠なしで、容量を増やしたからって「音に腰が出る」わけではないのだけど、Blues Juniorの回路を見ると結合コンデンサはほとんど0.0022μFとかなり小さいので、これを試しに少し大きくしてみたのである。

　C2を0.0022から0.01に、C8を0.0022から0.015に交換してみた。コンデンサはただの手持ちのフィルムである。これで一度実地で使って様子を見てみようと思う。オレンジドロップ化は、まあ、それからということで。

（4）BRIGHTコンデンサの付け替え

　実を言うと、これこそがBlues Juniorが高音キンキンしすぎる原因じゃないかと思う。初段の12AX7の後の1MΩのVOLUMEコントロールだが、図15のように、ここになんと100pFが入りっぱなしになっているのである。

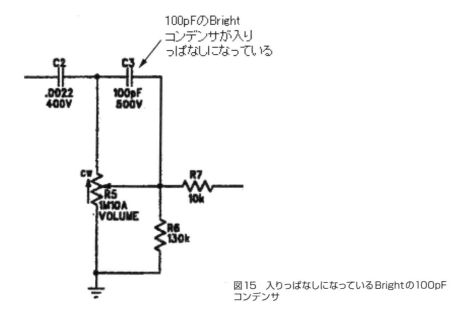

図15　入りっぱなしになっているBrightの100pFコンデンサ

　これはどういうことかというと、「つねにBRIGHTスイッチが入りっぱなしになっている状態」あるいは、「常にBRIGHT CHANNELを使っている状態」で、高音がキンキンして当たり前なのである。

ためしにこの100pFを外してみると、音は劇的に変わり、なんだかそのへんのふつうのFenderのアンプを弾いてる感じである。とはいえ、さすがになんだかこもった音に聞こえてしまう。思うに、先の結合コンデンサの容量を通常より小さくしたり、トーンコントロールのベースを落としたり、BRIGHT入りっぱなしにしたり、など、Blues Juniorは全体に高音を強調する設計になっているようである。

　ここで、BRIGHTスイッチを増設する、というのが正しい気がするが、取りあえず、この100pFのコンデンサをいろいろ付け替えられるようにして、いい感じの値を探ってみようと思い、図16のように、100pFを外して代わりに付け替え用ソケットをつけてみた。ソケットは、ICソケットをニッパーで切り離したヤツを使った。

図16　付け替えできるBrightコンデンサ

　ちょっとやってみたが、250pFにするとさらにキンキンしたので、逆に68pFにしたら少しおとなしくなり、まあまあな感じである。ここは、47pFあたりがいいんじゃないかと思えてきたので、今度、秋葉原に行ったときに47pFのシルバーマイカでも買ってくるか、ってことになった。

■ 出力アッテネータ

　こういう改造をやっていて切実に思うのが、音出しをどうするかである。自宅でやっているわけで、音量を大きくできない。Blues Juniorで規定の音量を出すとうちの場合、まず1分で苦情がく

るだろう。かといって小さい音で試しても、音チェックにはほぼまったく役に立たない。これには
ほとほと困る。

やはりこういうのは音がちゃんと出せるところで改造実験をするべきであろう。たとえば行きつ
けのライブバーに置いておいて、それでそこに半田ゴテやら部品やら持って行き、そこで改造し思
う存分音出しチェックをする。うん、絶対、そうするべきだ。というのは、分かっているのだが、
かたぎの自分にはそれも難しい。

この時は、簡易的な抵抗分割によるアッテネータを仮設バラックで作って、それを使ってパワー
を落として音出し確認していた。そこではボリュームをつけて自由にパワーを変えられるようにし
ていた。これに関しては本書の2-2節の「パワーアッテネータ」(97ページ)に詳しいので、そちら
をご覧いただきたい。

ただし、抵抗パワーアッテネータを使うのは、あくまで苦肉の策であって、こういう状態であれ
これ調整しても、いざ音量全開にするとスピーカーとキャビネットの効果、そしてそれらがアンプ
本体へフィードバックすることによる音質変化(インピーダンス変化、ダンピングなどなど)によっ
て、音はまるで変わる。ということで、あくまで仮である。

さてさて、改造はここで一段落し、あれこれ実地で使ってみて、さらに改造を進めて行く、とい
う流れになる。

実際、Billmさんの改造はまだまだたくさんあるので、それについては彼のサイトを見ると分かる。
あと、もちろんBillmさんだけでなくたくさんのアメリカ人がBlues Juniorをあれこれいじり倒し
て改造しまくっている。The Fender Forumのフォーラムなどを見ると、英語で見づらいがすごい
数の発言に圧倒される。

■ Blues Junior改造その２

さて、引き続きBlues Juniorの改造である。結局、上述の改造を加えたものをライブで使う機会
もなく、ちゃんと評価できなかったのだが、そうこうしているうちに10月後半にライブの予定が
入り、どうせやるなら他の改造もやってからライブに臨むことにしようと思ったのである。そこで、
Billmさんの改造に載っている以下の２点をやってみることにした。

(1) コンデンサをオレンジドロップに交換する

Billmさんによれば、オレンジドロップに変えることで、「音のこもりをなくし、失われていた低
音部の倍音を呼び戻し、ディストーション時のとげとげしいエッジを取り除き、クリーントーンは
甘く響くようになる」、とのこと。ホントかよー！　という前に、やってみよう、と言うわけだ。

秋葉原へオレンジドロップを買いに行ったが、いつもの安い店が閉まっていて、しかたなしに色々

探してようやくオレンジドロップを扱っている店を見つけ、そこで買った。しかし、ちょっと高かった。なにせ、結合コンデンサを全部交換する、となると、全部で8個以上になり、オレンジドロップは平気で300円ぐらいするので軽く二、三千円なのである。

交換後の写真は図17である。写真で見るとおり、7個のオレンジドロップがついている。

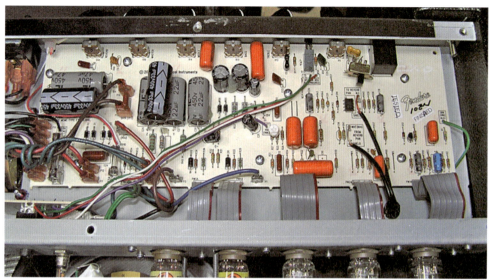

図17　オレンジドロップに交換、電源フィルタコンデンサも増量後

(2) 電源のフィルター電解コンデンサを増量する

　Billmさんによれば、電源フィルタコンデンサの増量によって、「低音部がソリッドになり、これは誰でもすぐに分かるはず」、とのことである。

　このときは、経済的理由で購入しなかった。本来なら図17の左側の灰色の電解コン4つ分を増量するのだが、47μF、450Vはなかなかに高価である。なので、とりあえず手持ちの33μF、450Vが2個あったので、それを2箇所につけている。

　しかし、このていどのカネをケチってるとはなんとやらである。もっとも、カネ持ちだったら、そもそもBlues Juniorなんていう入門向けアンプを買って改造なんかせず、Fenderのヴィンテージの抜群のアンプをポンって買って終わりだろう。そういう意味では、貧乏だからこその楽しみ方ともいえるわけだ。

　今回、オレンジドロップに交換したのは、C2,C6,C7,C8,C10,C11,C15,C16である。それから、前回、結合コンデンサの0.002μFが小さすぎる、ということから大きいのに交換したのだけど、これは

真空管ギターアンプの製作・解説・改造修理

とりあえず元の0.002の値に戻した。BRIGHT入りっぱなしを対策したせいで、キンキンが抑えられたからである。また、トーンコントロール回路のC5の250pFはシルバーマイカの270pFにした。

それから、C3の100pFだが、これは前にも書いた問題児でBRIGHT入りっぱなしコンデンサである。これは50pFのシルバーマイカを買い、簡単なスイッチを基板につけてオン／オフできるようにしておいた。

それから、基板上の部品の交換では元々の部品をまず外さないといけない。これは、けっこう大変である。慣れない人にはちょっと難しいかもしれない。というのは、そう簡単に外れないときがあるのである。やってみてわかったが、まず、半田吸い取り線の使用は必須である。とにかく無理をせず、落ち着いてやることが重要である。僕も、結局、一箇所だけ基板のプリント銅箔を剥がして、痛めてしまった。

(3) 改造結果

さてお楽しみの結果だが、この時点でまだライブでやっておらずちゃんとは分からなかったのだけど、自宅で小さな音で鳴らしてみた限りは、あんまり違いが分からなかった。なんか、残念感が漂ってしまう。ところで、BRIGHTコンデンサのC3は結局のところ外して弾いていた。やはりあれはない方がいい感じである。

さて、それで、そのころ、この改造Blues Juniorで、珍しく一生懸命ギターの練習をしていた。ジミヘンの有名なスローブルースのRed Houseをクリーントーンでしつこく練習していたんだが、なんだか、1週間ぐらいたって、クリーントーンがやけにメロウな感じに響いているのに気が付いた。

おお、ひょっとすると、これはオレンジドロップ交換の成果かもしれない！ この手のものって、交換してからエージングというのが必要で、きっと、エージングが済んで、本領を発揮し始めたのだ、そうだ、きっとそうだ、そうに違いない！ と、思いたい気持ちでいっぱいだったが（なにせ3000円ぐらいかかってるし）、単に僕のギターが練習によってうまくなっただけかもしれない。もっとも、そっちの方がよほど喜ばしいことだけど。

というわけで、まだもう一回改造をしているので、それを次に紹介しよう。

■ Blues Junior改造その3

さて、10/23のライブを前にして、オレンジドロップ交換と中途半端な電解コンデンサ増量をやったところまでお話した。その後、秋葉原へ行ってさらに必要な部品を全部そろえることにしていたのだけど、どうしてもその余裕がない。

ということで、通販であれこれ購入することにした。通販は出歩く必要がなく、まったくにラクだが、ちょっと困るのは、抵抗やコンデンサなどの10円、20円の小部品が100本単位でしか売っ

193

てなかったりする。まあ、一本換算1、2円なんで買ってしまえば後々便利なのだが。

とにかく、そんなわけで、前回の秋葉で購入したPRESECE CONTROL用の小VRの取り付けと、通販で購入した電解コンデンサによる電源フィルタコンデンサの正規増量と、あと、発振止め処置をライブ前の駆け込みで前日に決行した。以下がその作業である。

(1) PRESENCE CONTROLの取り付け

まずはプレゼンスである。図12で紹介したBillmさんの改造のように、前面パネルのFATスイッチの下にあるスペースに穴を開けてそこにボリュームを取り付ける。スペースは狭いので、使うボリュームも小型のものを使う。今回は秋葉原で探した図18のアルプスの小VRを使った。

図18　アルプスの20kΩ B型のミニポット

30kΩがなかったので、これは20kΩでB型である。お次は穴あけだが、今回は、FATスイッチの真下、パネルの下側の端から1cmのところに7mm程度の穴を開けた。図19の通りである。

図19　PRESENCE用にあけた穴

鉄の筐体の上にステンレスの板がかぶさっているので、穴あけはなかなか大変だが、小さい径から始めて、順に広げながら開けて行く。最後にリーマーでVRの軸が入る径まで広げた。
　このPRESENCEのVRをつける回路上の位置だが、前述の図14のように今回はR25の両端につけた。配線はあっさりと細いビニール線で図20のようにやっておいた。

図20　PRESENCEのポットと基板間の配線

　Billmさんの改造では、ここに細いシールド線を使っているようである。Billmさんの改造がR25の両端を使っているかも、実はよく分からない。ひょっとすると、線の片方をグランドに落としているかもしれない。そのようにすると、PRESENCEを上げたときの高音ギラギラが少なくなり、比較的平均にディストーションが増える感じになる。このへんは好みなので、いろいろやってみるとよい。結局、PRESENCEツマミの増設は、図21のようになった。

図21　PRESENCEツマミの増設

(2) 電解コンデンサー増量

　これは簡単である。電源回路の4つの電解コンデンサの値をすべて倍にする、というものである。場所は、C25の47μF、450V、C26, C27, C28の22μF、450Vである。これらの上に同じ値の電解コンデンサをパラに半田付けする。図22の通りである。

図22　4つの電解コンデンサにパラに電解コンデンサを増量する

基板の上にプラスとマイナスの表示があるので間違えないように半田付けすれば、それでOKである。

(3) 発振止め

もろもろの改造をした後、改めて鳴らしてみたのだが、なんだかボリュームをゼロにしても低い音のノイズが聞こえてくる。フィルタコンデンサを増量しているのにハムはおかしい。うーむ、と思いあれこれ調べてもよく分からない。しかし、位相反転へ入るところの結合コンデンサに指を近づけるとギャーっと鳴り出す。これは明らかな発振だ。巨大なオレンジドロップを向きを変えて取り付けたせいかな、と思い、せっかく変えたのに悲しいが元のコンデンサに戻した。

しかしそれでも状況は改善しなかったのである。仕方ないので本格的に調べるべくオシロスコープを引っ張り出し、スピーカーの両端にプローブを当てて見てみた。

すると、なんだかほぼ正弦波に近い信号が見えている。あ、これがあのノイズか、と思ったのだけど、オシロの設定を見ると、いや違う。これって40kHz付近の超音波だ。しかもなんとなんとp-pで45Vもある。45Vで8Ωだとなんと32ワットである！　ほんとかな？　まあ、なんにしても、これはきわめてまずい。40kHzは耳に聞こえないが、パワー管を40kHz信号のフルワットで酷使しているということになる。

これについては、ありがたいことにBillmさんのページに対処法が書いてある。Billmさんによればこの発振現象は、クリーム色の基板のBlues Juniorで、特に裏板を外したときに起こることが多いそうである。周波数も44kHzから48kHzていどで、僕の場合とぴったり合っている。位相反転段の不正発振だそうである。

対処法は、基板から真空管ソケットに伸びているリボンケーブルの形状を変えることである。自分の写真を撮っていないので、Billmさんの写真を流用させてもらうが図23の通りである。

手前の2つの細めのリボンケーブルは2本の6BQ5へ行く線だが、これらを下側にへこませる。そして、その次の広めのリボンケーブル（位相反転管の12AX7へ行く線）を、写真のように、手前に引き出すように手で変形させる。特に広い方は、山型にするのだが、真空管ソケット側の部分を、裏板を閉めたとき、その裏板に沿わせるような感じに変形する。裏板にはアルミホイルが貼ってあり、これがシールドの役割をするのだが、このアルミ箔とリボンケーブルの間に小さな浮遊容量（コンデンサ分）を作ってそれで超高域成分を逃がして発振を止める、ということらしい。

実際にやってみたら、3本のリボンケーブルを変形させるだけで、裏板を閉めなくとも発振はピタリと止まった。すばらしい。これで裏板を閉めれば完璧である。そういうわけで、以上で異常発振は止まったが、肝心の低い音のノイズはというと、これで止まった。やはり、この発振のせいだったようだ。

図23 リボンケーブルの形状を変え、不正発振を止める

■ おわりに

　実際、ギターアンプの改造というのは、ゼロから作るのに比べて気軽だし、かなり面白い。僕は、改造して、家で鳴らしてチェックして、最終結果をライブバーの本番ライブで確認する、というけっこう贅沢な改造ライフを送っている。上にも書いたが、エレキの本場アメリカに目を転ずると、この改造（英語ではModという。Modifyの略）はホントに大勢の人がやっている。ここで紹介したBlues Juniorの改造もだが、たとえば、FenderのCBS期のシルバーフェースのアンプを、ヴィンテージのブラックパネル期の回路へ改造するなど、かなりやられていたりする。掲示板とかを読むと、もう、あの手この手でさんざん改造している。アメリカは住宅事情が日本と違うので、音も出しやすいし、作業スペースも広いし、環境が違うのもあるかもしれない。

　もっと日本でやるようになって欲しいものである。とはいえ、自分はBlues Juniorしか本格的にModしていないので、改造記事もこれ以上書くと、受け売りになってしまう。というわけで、改造記事をこれで終わろう。

3-2 ヴィンテージギターアンプの修理

　ここではギターアンプの修理についてお話をするが、実は僕自身はそれほど修理経験があるわけではない。ごく親しい知人に頼まれて数台を修理した経験しかない。もちろん、真空管ギターアンプの知識は相応にあるので、それを応用して修理しているのである。しかし、こういうアナログ機器というのは知識だけで修理できるような簡単なものではなく、やはり長い経験がどうしても必要なのである。そんなわけで、自分は知人が持ち込む素性の知れたアンプの修理はするけど、それ以上の商売的なものに踏み出さないわけなのだ。

　ということで、ここではギターアンプの修理について語るが、その範囲をヴィンテージの真空管アンプに限らせてもらう。ヴィンテージを過ぎると、オペアンプやトランジスタが一部に使われていたり、半分を占めていたり、オールソリッドステートなアンプになったりいろいろで、僕の手に負えない。知識は無いわけではないが、ここではそこには踏み込まない。ここでヴィンテージと言っているのは、トランジスタやオペアンプなどのソリッドステートが一切使われていない（整流のシリコンダイオードはOK）、だいたい1980年代以前にリリースされたギターアンプを指している。いくら新しくても真空管以外使っていないなら、ここでの射程範囲である。

　あと、僕の経験もあまり多くないので、特に参考にさせてもらった参考書を上げておく。かのアメリカのKendrickの創業者のGerald Weberさんの『A Desktop Reference of Hip Vintage Guitar Amps』と『Tube Amp Talk for the Guitarist and Tech』である。

■ 修理品受け取りから通電まで

　まず、ここでは、たとえば1950年代製のFender Deluxeとか、そういう、製造して50年以上経っている超古いギターアンプを想定して話そうと思う。

・汚れをラフに除く

　まず、どうやって使われてきたかによるものの、この手のヴィンテージだと、埃やら錆やら蜘蛛の巣やらなにやらひどく汚れていたりもする。まずは手を入れる前にざっと埃などは除去しておくが、ダニの温床だったりしてアレルギーで痒くなりそうなので、掃除機を突っ込んで吸い込んでしまいたくなったり、野外でブロワーで吹き飛ばしたくなるものの、くれぐれも中身を壊さないように。特にスピーカーのコーン紙はよれよれになっていたりするので、破いたりしないよう、気を付ける。

・回路図を手に入れる

　まず、型式を調べ、それをもとにネットで検索して回路図をゲットする。回路図なしで修理することもできないことは無いのだが、それではできることが限られる。もちろん、回路図がどうしても見つからないこともあり、その場合は、仕方ないので、自分で回路図を起こしながら修理して行くことになり、わりと大変な作業になる。

・中身の回路の目視確認

　入って来た修理品を、いきなり電源をつないでスイッチをオンにするのは、危険なのでやらないこと。まず、その前にすることは、回路部分を本体から取り出し、部品やハンダ付けや線材を目視で確認することである。それから、割りばしなどで部品をつつきながら、ぐらぐらしていないか、とか断線していないか、とか見て行く。では、見るポイントをいくつかあげよう。

- ・断線している
- ・ハンダ付けが外れている
- ・焼け焦げのあと
- ・抵抗が焼けている（黒ずんでいる）、あるいは割れている
- ・電解コンデンサのふくらみ、電解液の漏れ（内部電解液がだめになり寿命）
- ・真空管の割れ、過大電流の痕、ゲッターが薄い、などの不良
- ・真空管ソケットのゆるみ、接触不良
- ・先人の修理のあとの確認（50年以上も経っていると往々にリペアの後があったりする）

　まだあるかもしれないが、とにかく注意深く観察して異常を探す。異常が見つかれば、少なくともその部分はあとで交換修理しないといけないことになる。

・依頼主の訴える症状

　音がまったく出ないとか、音がえらく小さいとか、ボリュームにガリがあるとか、ノイズが大き過ぎて使えないとか、過去に火を噴いたことがあり怖くて電源入れられないとか、そもそもヒューズが切れていて電源も入らない、とかとか、とにかくトラブルはいろいろであり、それぞれにつき、大まかな修理のセオリーはある。ただ、あくまで大まかであり、まずは回路図を見ながら原因をいろいろ考えることになる。このあとの方で、症状別にいくつかの原因と対処を紹介するが、必ずこうだ、というわけではなく、思いもかけない原因なこともよくあることだ。したがって、修理は経

真空管ギターアンプの製作・解説・改造修理

験がモノを言うのである。

・通電する前に

通電する前に、まず、最低限、ヒューズを切らせない、火を噴かないためのチェックをしておこう。まず、電源トランスの一次側だが、電源プラグをコンセントから外した状態で、ヒューズを入れて、スイッチをオンにして、その状態でAC100Vの電源プラグ端子間の抵抗をテスターで測る。どこかでショートしていると、だいたい0.5Ω以下になるので、その場合は電源周りを調べる。正常なら電源トランスの1次側コイルの直流抵抗の値になり、物によって違うが、数Ωから数十Ωあるはずだ。それから、パワー管のプレートとシャーシー（グラウンド）の抵抗も測って、ショートしていないか調べる。なんらかショートしていたら、ひたすら該当箇所を調べる。

・症状とは別にヴィンテージアンプの場合

これはホーバーホールに相当するのだろうが、アンプが50年以上とか経ったヴィンテージの場合、もし電解コンデンサがオリジナルのままだったら、ほぼ完全に寿命を過ぎており、要交換である。容量が抜け（減り）、直流の漏れ電流が流れる、という状態になっている可能性大である。なので、ふつう、この場合、問答無用で新品に交換する。音質は確実に良くなるし、音量も上がり、ノイズも減るので、やった方がいい。ただ、この古臭い濁った音が好き、とか言う人はこの限りではないが、そういう人は修理に出さないであろう。

あと、ヴィンテージの電解コンデンサでは無いコンデンサ類がオリジナルのまま付いている場合、これまた寿命の可能性が高い。当時のオイルコンデンサやペーパーコンデンサは経年変化が大きく、それほど持たないのである。この段間コンデンサのたぐいは、あとでもまた述べる。

また、真空管ソケットも経年変化でかなりダメージを受けるもので、目視で分かるレベルなら通電前に新品に交換するべきであろう。アルコールなどを使ったソケットの汚れのクリーニング、歯科用ピックのようなものでゆるみ部分を調整して軽減する、などで処置はできるものの、限界はある。交換がいちばんすっきりしていてよい。あと、古い真空管のピンの清掃もしておこう。

以上は、依頼主の意向にもよるが、どうせすることなので、通電の前にやってしまってもよいし、実際、その方が安全である。

・通電

症状にもよるが、トラブルのあるアンプの通電はなかなか緊張する。もしあなたが本格的に修理をやってみようと言うならば、電源電圧をツマミで変えられるスライダック（英語圏ではヴァリ

3-2 改造修理編 ヴィンテージギターアンプの修理

アック：Variacと言う）というものがあるといい。スライダックにアンプをつなぎ、テスターで電源トランスの二次巻き線間の電圧、B電圧、ヒーター電圧などを見ながら、電圧を0Vから徐々に上げて行って、50Vぐらいまでなるまでの間に、メーターの読みが上がってくれば、大丈夫と判断して、それ以上上げない。

　スライダックのようなものが無い人は、もう、観念して電源を挿してスイッチオンするしかない。スイッチを入れたら、すぐに十分に五感を働かせて、異常があったらすぐに電源を切る。修理のせいで、トランスや真空管を壊してしまったらシャレにならない。すぐに切れば、助かる場合もある（助からない場合もある）。

　通電したら、すべての真空管のヒーターが点いていることを確認する。そして、実際に症状が出ていることを確認する。

・通電に関する注意

　これは言わずもがな、なのだけど、くれぐれも感電に注意である。真空管がちゃんと動作しているときは、電源スイッチを切ったら電解コンデンサに溜まったB電圧は、まだ温まっている真空管を通してすぐに放電するので大丈夫だが、修理中で真空管が刺さって無い状態で電源オンした場合、スイッチを切っても高圧の電気は電解コンデンサに溜まったままのことがあり、放電しないと危険である。いちばん簡単な方法は、プリ管のプレートをワニ口クリップでシャーシー（グラウンド）に落として放電することである。プレートにはだいたい100kΩぐらいの負荷抵抗が入っているので、それを通して放電できる。1分も待てば数ボルトまで落ちる。

　それから、これまた老婆心だが、修理が乗って来ると電源プラグを抜くのが面倒で、ついつい電源スイッチだけ切って作業をすることがあるが、できれば面倒でも毎回電源プラグを抜いた方がいい。内部のAC100Vに触れて感電する、ということもある。それから人間は思い込みな動物なので、スイッチを切ったと思い込んで作業してしまうことがあり、この場合は非常に危険である。ちょっと感電ぐらいならまだいいが（よくないが）、僕などある時これをやって、高価な電源トランスをオーバーヒートさせて壊してしまったこともある。修理してるのに壊したら、シャレにならない。

・通電したらまず電圧測定

　通電してエレキギターをつないで音を出す前にまずしておきたいのが、各所の直流電圧チェックである。テスターの黒のプローブをシャーシーにワニ口クリップなどでつなぎ、赤いプローブでチェックし、回路図に書き込んで行く。測定ポイントは、すべての真空管（整流管を除く）の、プレート、グリッド、カソードの電位と、プレートに供給するB電圧である。それからAC電圧測定で、電源トランスの2次側の両端の電圧、ヒーター電圧もチェックしておく。ここで、注意だが、テス

ターの赤プローブで次々該当箇所を当たって行くのは慣れた人のすることで、安全のためには電源を切った状態で、ワニ口クリップで該当箇所に赤プローブを付けておき、それからスイッチオンするのがいい。特に、真空管ソケット周りにプローブを突っ込むのは危険が多く、僕も、つい隣の端子と接触ショートさせてしまい真空管を壊した経験がある。用心に越したことは無い。

さて、全部済んだら、これらの電圧を見て、明らかに異常なところがないかチェックする。ゲットした回路図に標準電圧値が書いてあればしめたもので、それと比べる。許容できるのはだいたい± 10% 〜 20% ぐらいである。いずれにせよ、このとき、回路動作の知識はどうしても必要になる。

・割りばしチェック

通電して、入力はつながず、スピーカーからハムノイズなどなんらか音が出ている状態のまま、割りばしのようなもので（要は絶縁体でできた棒）、まず、真空管をコンコンと叩いて、スピーカーから音になって出てきたり、ガリガリっとノイズが出るか、とかを調べる。前者はその真空管がマイクロフォニックノイズの多い球だと分かるし、後者は真空管のソケットの接触不良、あるいは真空管自体の不良、ということが分かる。次に裏返して、いろんな部品や、線材などなどを、すべて割りばしなどで突っついたり、叩いたりして、ノイズが出たりしないか調べる。これで、交換した方がいい箇所などがだいたいわかる。

■ 症状別の大まかな修理手順

それでは、アンプの症状別にその修理のしかたをここであるていど説明するが、何度も言うようにこれはそんなに簡単なことではなく、そのやり方でぜんぜん直らないこともあるし、直ったように見えて再発することもあるし、なかなか厄介である。そんなとき経験の蓄積は凄く重要だが、それに加え、回路の動作をきちんと理解しておくことも同じく重要である。

以下は、通電したあとに、実際に症状が出ることを確認した上での方法である。

(0) 実際の修理の前に

実際に回路や基板をいじる前にできることは、真空管の交換とスピーカーの交換であろう。ヴィンテージだと、これらの部品が劣化していることも、大いにある。で、少なくとも真空管の交換はハンダ付けをいじらずにできるので、過電流が流れているなど危険な状態でない限り、怪しい真空管は交換して様子を見るのは定番である。もちろん、自分の方でそれらのストックを持っていないとできない話なのは当然である。

（1）ヒューズが切れる場合

　ヒューズが切れるアンプは、通電すればやはり切れるわけで、ヒューズを入れ替えてすぐまた通電するのはちょっとバカげている。まずなんらかのショートではないかどうかチェックしないといけない。スイッチを入れた途端にヒューズが切れるのはふつうショートが原因だが、その場合、ACプラグから電源トランスの1次側のどこかでショート、あるいは2次側以降のどこかでショートしているはずなので、電源を抜いてテスターでチェックして行く。

　入れた途端には切れず、1分とか時間が経ってから切れたり、何回か電源を入り切りしていると時々切れることがある、というときは、電源トランスの2次側以降でなんらかの過大電流が流れている場合である。特に大電流が流れるパワー段のトラブルが多い（後述する）。

（2）音が出ない、あるいは音が小さい場合

　まず、スピーカーからハムなりノイズなり、なんらかの音が出ているかどうか確認する。まったく静かでノイズが出ていないときはパワー段の不良か、スピーカーの不良である。パワー段については、パワー真空管の不良、出力トランスの断線などが疑われる。これは後述する。スピーカーの場合は、スピーカーを別のものにつなぎ直すことで分かる。

　パワー段は生きているが、エレキギターをつないでも音が出ない、というときは、まず、問題のないエレキギターとシールドを用意してプラグインして調べる。ギターとシールドの問題でした、というのは意外とたまにある。それから、ヴィンテージアンプだと入力ジャックに問題があるケースが多い。頻繁に抜き差しするので早く壊れるのであろう。そこで、入力ジャック周りを調べる。

　ここまで正常だった場合、特に音が出ない場合、プリアンプ段からパワーアンプ段まで順を追って調べて行くことになる。ここで、通常の修理の場合、低周波信号発生器とオシロスコープを使って信号を追って行く。まず、スピーカーアウトには8Ω20W（たとえば100Wのアンプに20Wは小さすぎるが、長時間音出しっぱなしとか、フルテンでチェックしない限り、だいたい大丈夫。きちんとした人は、なんとか100Wなら100W相当のダミー抵抗を確保してください）ていどのダミー抵抗をつなぎ、入力のジャックには低周波信号発生器（PCでもいい。測定の章を参照）をつなぐ。そして、オシロで入力段から順に信号を追って行けばいい。アンプのツマミとかを回しながら回路図に沿って追って行けば、どこが原因かはすぐわかる。

　ちなみに、いまどきは、低周波信号発生器は信号発生ソフトをインストールしたPCでいいし、オシロスコープも液晶型のコンパクトなハンドヘルドデジタルオシロが1万円以下で出ているし、買っておくと良いであろう。ちなみに修理屋をやるならオシロは必須である。

　昔、オシロがない貧乏アマチュアは、信号を追うのに、シグナルインジェクターとかシグナルトレーサーというものをちゃちゃっと自作して使ったものだ。特にシグナルインジェクターは使いや

すい。要は、発振器の出力がプローブから出力されるようになっていて、これを、各段のグリッドとかに当てて発振信号を注入して、一か所一か所見て行くのである。この場合、ふつう、終段（パワー段）から初段に向かって順々に当てて見て行く。ネットで調べるといくらでも作り方が出ているので、自作しておくのもいい。僕などは、おそろしくずぼらなので、どうしてもシグナルインジェクター的なものが必要なときは、人体ノイズインジェクターという手を使うこともある。図1のように人間が拾う外来ノイズをインジェクト（注入）するのである。ただし絶縁用のコンデンサは必須で、そうしないと感電したりする（当たり前）。耐圧も真空管用なので400V以上を使う。容量は適当でいい。

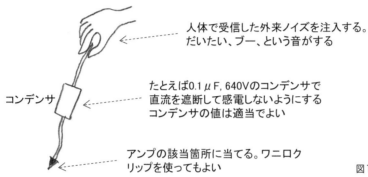

図1　人体ノイズインジェクター

（3）パワー段のトラブル

　音がえらく小さいとか、音がまったく出ないとかというトラブルではパワー段の問題であることも多い。ということで、パワー段の故障について話そう。

　まず、ジー、とかいうハムノイズすら出ず、スピーカーがまったくの無音の場合は、真空管か出力トランスが壊れている可能性大である。もちろん、トランスの2次側からスピーカーへの回路のどこかが切れているか、そもそもスピーカー自体が壊れていても、同じく無音なので、調べておく。

　トランスの断線については、プレートに電圧が出なければすぐに分かるし、電源を切った状態でトランスの1次側の抵抗を測れば、断線や、逆にショートはすぐに分かる。直流抵抗分はだいたい数十Ωから数百Ωぐらいのはずである。ショートまたは断線なら、出力トランスは交換せざるを得ない。同じものが無ければ同等品を使う。

　プレートにちゃんと電圧が出ていて、音が出ていないときは、まず、パワー管にちゃんとバイアスがかかって、電流が流れているかを見ないといけない。バイアスについては2-1章で詳しく解説している。まず回路図を見て、パワー管が固定バイアスか自己バイアスかを特定する。以下に、パワー管のトラブルの原因と対処を、自己バイアスのときと固定バイアスの時に分けて、あげておく。

■自己バイアスのとき

カソードの電圧を測って、カソード抵抗の値からオームの法則で、カソードに流れている電流を計算する。この電流値とプレートの電圧値を掛け算してワット数を出して、それがパワー管のプレート損失を越していれば（厳密にはスクリーングリッド電流も考慮するのだけど、ふつうプレート電流の1/10ていどなどでここでは無視している）、なんらかの異常である。以下にいくつかあげる。

・結合コンデンサの劣化

　自己バイアスの場合グリッドの電圧はゼロのはずだが、グリッドにプラスの電圧が出ていることがある。これは、前段のプリアンプから、結合コンデンサを経てグリッドに入るとき、このコンデンサが経年で不良になり、直流分を通してしまい（リークという）、前段のプレートの高電圧のいくらかが、グリッドに現れてしまう現象である。テスターでグリッドの電圧を測って、たとえば+5Vとかが出てしまうことで分かる。グリッドがプラスになるとプレートには正常電流以上の電流が流れることになる。この現象は、特にヴィンテージアンプではよくあることで、さらに、パワー段だけでなく、プリアンプ段でもあることなので、とにかくグリッドにプラスの電圧が出ていたら、即、結合コンデンサを交換する。

・ソケットの不良でグリッドが浮いている

　真空管ソケットの接触不良でグリッドが浮いてしまうと、バイアスがかからないため、プレートに過大な電流が流れてしまう。もちろん、この場合、信号も入らないので音は出ず、もちろんソケット交換である。

　以上の理由でプレートに過大電流が流れると、パワー管がダメになり、音が小さくなったり、出なくなったりする。さらに運が悪いと、過大電流で出力トランスを壊してしまい、断線あるいはショートを起こしてしまうことがあり、そうなってしまうとトランス交換である。あるいは、断線とショートの間の、内部巻き線の不良という中途半端なことも多く、この場合、音が小さくなったりパワー感が出なかったりする。このパワー管の過大電流は、ヒューズが即切れるのではなく、時間が経って切れる場合の原因であることが多い。いずれにせよ、以上の対処をした後、もう一回、通電して音出しして、おかしかったら、パワー管は交換する。

■固定バイアスのとき

　バイアス調整の章で紹介した、トランスシャント法で、プレート電流を測定する。自己バイアスのときと同じく、プレート損失を計算し、それが定格を超えていれば、なんらか異常である。結合コンデンサの直流漏れと、真空管ソケット不良については前述の自己バイアスの時と同じで、以下は、それ以外の場合である。

・バイアス調整が正しくされていない

　バイアス調整ポットがある場合は、これを調整して適性バイアスにしなくてはいけないが、ここの調整がまったくめちゃくちゃだと、それが原因で真空管不良とかが起こる可能性がある。バイアス調整の章を参考に、バイアス調整をする。バイアス調整ポットが無い機種の場合、真空管自体が壊れてしまっている可能性もある。

・バイアス電源回路の不良

　そもそもバイアス電圧を作る電源回路自体が不良だと、バイアスがかからず、真空管に過大電流が流れて、真空管またはトランスが不良になることがある。グリッドのバイアス電圧をテスターで測定してちゃんとマイナス電圧が出ていない場合、バイアス電源回路（C電源回路とも呼ぶ）を調べる。使われている電解コンデンサが古くて容量抜けしているなどのケースがある。

（4）ボリュームにガリがある

ポット（Pot: Potentiometer、日本ではボリュームと呼ぶが、音量調整のVolumeと混同するのでここでは以下、ポットを使う）のガリも古いアンプの定番であろう。一番良いのは、ガリのあるポットがあったら、新品に交換することである。

■ポット劣化の症状

・回すと大きなノイズが入る

　これはVolumeやGainなどのツマミでよくあるが、回したときかなり大きなガリガリガリッ！というノイズが入る場合、これはグリッドがポットの接触不良により浮いてしまうことによることが多い。回路が図2 (a) のようになっている場合、ポットの位置によりグリッドが浮くと、瞬間的に大きなプレート電流が流れ、それが大きなノイズになるのである。回路的には図2 (b) のようにグリッドにグリッド抵抗を入れることで、ノイズは劇的に軽減するのだが、ポットの接触不良が治るわけではなく、たまたまその位置にポットを固定すると音が出なくなるわけで、ポット交換は当然である。

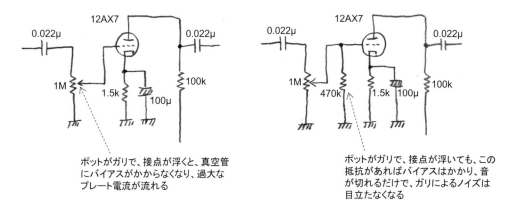

図2 (a) ポットのガリ　　　　　　　　　図2 (b) ポットのガリを軽減する抵抗を入れる

・回すとガサゴソしたノイズが入る

　これもポットの経年変化で抵抗値がスムーズに変わらないことで起こるので、ポット交換した方がいい。このケースでは、ポットになんらかの直流電圧がかかっているのが原因なこともある。通電した状態で、ポットの回転を真ん中へんにして、すべてのポットの3つの端子の間の電圧（三通りある）をテスターで測れば分かる。三つすべてゼロが正常である。ここでなんらかの電圧があるときは周辺回路の異常で、よくあるのは前段の結合コンデンサの劣化による直流リークである。前述でも、この結合コンデンサのリークによる不具合の例が出てきたが、ポットに対しても影響するのである。ポットに直流電圧がかかっていると、軸を回すと、ポットの抵抗の微妙な不均一がそのまま電圧の違いになって出力され、結果、軸を回すと、ザザザザザとかガサゴソとかいうわりと小さめのノイズになって現れる。この場合は、ポット交換だけでなく、結合コンデンサも交換である。

■ポットの清掃

　今まで書いたように、不良ポットは新品交換がいちばんいい。しかし、どうしても古いのを使いたい、というならポットを清掃することになる。
　ここでいちばん安易な方法は、いわゆる接点復活剤のようなものを吹き付けて、接点の状態を回復するというやり方だが、この接点復活剤はわりと賛否が多く、自分はというと、めったに使わない。特に一般の人がこの接点復活剤を使うと、ポットやジャックの外からこれでもか、と過度に吹き付けて、接点を超良くしようとしがちである。しかし、これは意味が無いし、悪影響の方が大きい。まず、薬剤を過度に与えても、原理的にあるていど以上良くはならない。実際はほんの少量で良いのである。さらに、この薬剤はぜんぶ揮発することはなく残るので、薬でベトベトでかえって埃を吸着する状態になっているのをよく見る。あと、いちばんまずいのは、ポットやジャックの周

真空管ギターアンプの製作·解説·改造修理

りにプリント基板があったりした場合で、この接点復活剤が基板に浸透してしまい、原理から言って回路の一部に導通をもたらしたりして、回路動作が狂うことがある。以上、あまり良いことは無いので、やはり接点は清掃に留めた方がいいと思う。

ポットの清掃をするときは、まず、配線を外してポットを取り出す。そして、金属のカバーを外して分解して、それで清掃することになる。綿棒とかを使って、無水アルコールなどで、付着した汚れを優しく取り除く。あまり夢中になってやるとかえって抵抗体を傷めてしまうのでほどほどに留め、最後に、接点復活剤を綿棒で塗布して仕上げるのはいいと思う。これでいちおうポットのガリは無くなるが、やはり経年変化には勝てず、しばらく使っているとわりとすぐ再発したりする。なので、ポットは新品と交換するのが基本、と考えた方がいいと思う。

（5）ノイズが大き過ぎて使えない

ノイズの問題は極めて広範で、ここで語らず、次の3-3節（210ページ）で改めて扱うので、そちらをどうぞ。

改造修理編

3-2

ヴィンテージギターアンプの修理

209

3-3 ノイズを減らす

　前章のアンプ修理の続きとして、ここでは真空管ギターアンプのノイズとその対策について紹介しようと思う。実際、ノイズが出るから何とかして欲しい、という依頼はけっこうある。

　真空管ギターアンプは経年などで実にいろいろな音のノイズを出すようになることが多い。以下を読むと分かるが、いったい回路の中にどれだけノイズ要因が隠れてるんだ、と、そのアナログぶりに感心したりする。

　あと、アンプでどれぐらいのノイズを許容するかは、人によってかなり違う。オーディオアンプとかではノイズ厳禁なので、その道から来た人はかなり神経質になっていて、ギターアンプのノイズの大きさに呆れるであろう。逆にたとえばジミ・ヘンドリックスなんかレコーディングの音ですらアンプノイズが盛大に入っていて、それに慣れた人はあんまり気にしないかもしれない。つまり修理依頼主の性格も影響する。

　なお、ここでは真空管ギターアンプのノイズの紹介と対処法についてお話するが、僕の経験不足を補うために、例によってWeberさんの本をかなり参照して、自分なりに消化して書こうと思う。Weberさんに感謝である。

■ ノイズの種類とラフな原因

　アンプから出ているノイズがどのタイプなのか、というのはその対処法を特定する手掛かりになるので、まずは真空管ギターアンプから出て来るノイズの種類を以下にひとつずつ紹介しよう。ラフな原因も記しておく。

ヒスノイズ

　これは、「シーー」とか「シャーー」という常にコンスタントに出ているノイズで、ギターをつないでも、つながなくても出ているノイズである。また、アンプのボリュームを右に回すとギター音と同じく大きくなることが多い。対策は、まず、アンプのどこで出ているか特定してから作業する。ふつう、プリ管の不良や、プレート抵抗がノイズ源になっている、ということが多い。

スタティックノイズ

前述のヒスノイズはコンスタントに平坦に続くノイズだが、スタティックノイズはもっと不定期で不安定に飛び出してくるノイズである。あえて表現すればザザザザという感じが規則性を持たずに鳴る感じである。これもまず、アンプのどこで出ているか特定する。原因としては、接点の不良、ハンダ付けの不良、コンデンサの内部のアーク放電、真空管不良、抵抗の不良、グラウンド接続の不良、部品のどこかでのアーク放電などなどで、たくさんある。

ハムノイズ

ハムはAC（交流）電源から来るノイズで、50Hzの場合と100Hzの場合がある（以上は関東。関西では60Hzと120Hz）。どちらもコンスタントな音で、50Hzの場合は「ウーン」、100Hzの場合は「ジー」とか「ブー」、と聞こえることが多い。原因は、50Hzのハムの場合は、出力トランスと電源トランスの接近（およそ5センチ以下）、ヒーター配線とグリッド配線の接近、固定バイアスの場合のC電源の不良、などがあり、あるいは、外来の50Hzをギターピックアップが拾っていることもある。

100Hzの場合は、電源回路のフィルタの電解コンデンサが原因であることがほとんどである。50Hzのコンセントから来る交流を直流に変換するのが電源回路だが、整流回路で100Hzのリップルを含んだ脈流というものをフィルタコンデンサで直流にならしてアンプ部に供給する。その電解コンデンサが経年変化などで、容量が減ったり、直流を通してしまったりすると、100Hzのリップルは取り切れず、そのまま増幅部へ入り、100Hzのノイズになるわけである。

クラックリングノイズ

英語ではCracklingであるが、これはスタティックノイズに似ているが、もっとはっきり大きな音で、パチン、パチンと入って来るノイズのことを言う。これはスタティックノイズと同じように処置できる。原因は、スタティックノイズのものに加えて、湿気を含んでしまった抵抗（これは内部でのアーク放電を起こす）、トランスや真空管ソケットでのアーク放電、抵抗やコンデンサが内部的に壊れている、グラウンド配線の不良、ポットの不良などがある。

ラトリングノイズ

英語ではRattlingであるが、これは音が鳴っているときにこれにかぶさるように鳴るノイズのことを言う。だいたいがある周波数に共鳴したような音になる。原因としては、スピーカーのボイス

コイル不良、パワー管や整流管の内部機構のゆるみ、グラウンド配線の不良、ソケットの不良など
である。以上の電気的なもの以外の原因もある。それは、スピーカーのキャビネットそのものから
出るノイズで、バックパネルの取り付けゆるみ、スピーカー取り付けネジのゆるみ、バッフルボー
ドのゆるみなどなどである。

モーターボーディング

　これはアンプが音声信号より低い周波数で発振している音で、モーターボートの「ブツ　ブツ
ブツ」という間欠的な音から来た名前である。この発振は20Hz以下の低い周波数でアンプ回路が
正帰還になっているということで、だいたい、電源回路を帰還路として発振している場合が多い。
原因としては、電源側のフィルタ・コンデンサ（これはデカップリング・コンデンサとも言われ、
増幅回路の各段を分離する役目を持つ。コンデンサ不良で分離できないと発振することがある）の
不良、アースの取り回しの間違い、サーキットボードが導電している、などが考えられる。

ハーモニックスやゴーストノート

　リングモジュレータのような音や、弾かれたノートの上に不自然なゴースト・ハーモニーが乗る
ような現象である。この原因はだいたいが、電源回路のフィルタ・コンデンサの不良のことが多く、
電解コンデンサの交換で直ったりする。

ポップノイズ

　これはクラッキングノイズ（Crackling）に似ているが、さらにはっきりした音でときおり鳴るよ
うなノイズを言う。原因としては、整流管内部のアーク放電、真空管ソケットでのアーク放電、ト
ランス内部のアーク放電、コンデンサ内部のアーク放電、グラウンドや部品の接触不良、真空管ソ
ケットの接触不良などである。

バズィング・フィズィングノイズ

　英語ではBuzzingとFizzingである。ブーブーと鳴ったり、シュワシュワと鳴ったり、いろいろ
である。これらもクラックリングノイズ（Crackling）に似ているが、もっと周波数の高いピッチで
起こるノイズである。原因はクラックリングノイズの原因に加えて、寄生発振、配線の仕方の不良、
長すぎるグリッド配線、などが考えられる。

真空管ギターアンプの製作・解説・改造修理

スクィーリングノイズ

英語ではSquealingである。音としてはキュイーンと鳴るもので、これはギターのフィードバックのように、スピーカーの音が回路に戻ってきて、正帰還することで起こる。スピーカーとプリ管のマイクロフォニックによる正帰還で起こったりするので、そのときはマイクロフォニックの少ない真空管に交換する。あるいは、スピーカーとリバーブタンクの間の正帰還で起こることもあり、この場合はリバーブタンクの物理的なダンピング処置で直ることもある。

■ ノイズの原因

アンプからなんらかノイズが出ている場合、まず最初にすることはギターのシールドを抜いて、アンプ単体で出ているノイズなのかどうかを確かめることである。エレキギターはものによってはけっこうなノイズ源になり、あるいはシールドが不良の場合もある。ギター側のノイズじゃないと分かったらアンプの問題ということになり、アンプのノイズの原因について以下にお話しする。

AC電源のアース

アメリカの電源プラグは3端子で、ACの2本と別にアースが1本付いている。コンセント側も3端子で、3本目は屋内配線の中できちんとアースにつながれている。本来はこういうもので、アンプのシャーシーがアースと接続されているのが望ましいのである。ここでいうアースとは、文字通り地面のことで、地面に金属の棒を埋めて、そこから引き出した線のことをアースという。

アメリカに比べて、日本の電源プラグは2本でアースがない。ただ、電源供給側で、2本のACラインのどちらか片方がアースにつながれている。しかし、基本的に2本のプラグは同形なのでどちらにでも挿さる。つまり、2本のうちどっちがアースか、我々には分からないのである。最近は、コンセント側も差し込みの大きさを若干変えて、どっちがアースか分かるようになっていることもあるが、正直、きちんとそれが普及しているように思えない。あと、家庭のコンセントには要所要所でアース端子を備えているものもあるが（エアコンや洗濯機の近くなど）、すべてに付いていないし、あっても、アース線の接続をわざわざ別に行わないといけないので面倒である。

日本向きのギターアンプ側も、アースについては配慮されておらず、ふつうシャーシーはアースから浮いた状態になっている（ただ、シャーシーはキャビネットを通して床に設置されているので、完全に浮いてはいない）。よく、正常なアンプであっても、エレキギターをつないで電源を入れると「ジー」というかなり大きなノイズが出ることがあるが、たくさん原因はあるものの、そのひとつにシャーシーがアースから浮いているというのもある。エレキギターの場合、弦がアンプのシャーシーにつながっているので、弦に触れれば人間がアース代わりになり、ノイズはいくらか減る。

3-3 改造修理編 ノイズを減らす

このように、シャーシーをきちんとアースに落とすと、ギターアンプのジーというノイズは基本的には減る。ただし、特に日本ではそう簡単には行かず、AC電源は隣家も含めていろいろな人がいろいろな機器をアースにでたらめにつないでいるし、ギターアンプと他の機器でアースループを作ってしまったり、さまざまな理由で、必ずしもシャーシーをアースに落とすとノイズは減るということには、残念ながらならない。

しかし、もし家の中にアース端子を備えたコンセントがあるなら、アンプのシャーシーと接続して試してみるといい。日本のリハーサルスタジオなども、ちゃんとした設計のところは、壁コンセントがアメリカと同じ三極になっていて、スタジオ全体の施工の段階で、建物としてのアースが、コンセントのアース端子に内部で接続されている。そういうアース管理されているスタジオはいいが、経験上、それほど多くない。

電源回路のフィルタリング

電源回路のフィルタ・コンデンサは通常、アルミ電解コンデンサが使われている。このアルミ電解コンデンサにははっきりした寿命があり、使用温度、通電頻度などでその耐用年数が大きく変わるのだが、おおざっぱに言って15年を超えると寿命と思っていい。したがって、ヴィンテージアンプなどだとこの年数を軽く超えるので、電解コンデンサの交換は必須となる（コンデンサを交換するのを、英語でCap jobという）。交換することでハムノイズも減るし、反応も良くなり、音がクリアになる。また、電解コンデンサを一年以上通電せずに放置しても品質は劣化し、寿命も短くなる。この場合は、まず電源だけ入れて30分とか放置することで、それなりに復帰する。ただ、いくらストックもので、きれいなアンプでも、何十年も電源入れないままだった、というものは、電解コンデンサは疑った方がいい。

プリアンプの真空管の不良

真空管自体が出すノイズについては、プリアンプ管の影響が大きく、初段に近いほどそれは顕著になる。真空管のノイズは個体によってだいぶ違う。メーカー名（たとえば、SovtekなのかJJなのか、など）や型番の違い（たとえば、12AX7と12AX7A、など）によってノイズの量も種類も異なるし、それらが完全に同じなものですら、個体によってノイズの大きさは変わる。ということで、特に初段付近はノイズの少ない真空管を選んだほうがいい。もし、プリアンプ段の複数の真空管が同じ真空管（たとえば12AX7）だった場合、いろいろ差し替えて、初段にノイズの少ない個体を挿した方が、ノイズについて有利である。

ここで、どの真空管がおかしいか特定するとき、いちばん簡単なのが、真空管を順々に抜いて行くことである。真空管ギターアンプはだいたい単純な回路がほとんどなので、どの真空管であって

真空管ギターアンプの製作・解説・改造修理

も、抜いたまま電源入れても大丈夫なので、心配いらない。

　手順としては、ノイジーなアンプがあるとして、まず、フェーズインバータの真空管を抜いて電源を入れる。フェーズインバータはパワー段の直前に入っている回路である。これを抜いてノイズが無くなれば、ノイズはフェーズインバータおよびプリアンプ部で出ているということになる。次にフェーズインバータの真空管を挿して、フェーズインバータの直前の段の真空管を抜いて電源を入れる。これでもノイズが出ていれば、フェーズインバータの真空管あるいはその周辺回路が不良である。もしノイズが消えれば、フェーズインバータより前の段の回路のせい、ということになる。以上を、初段になるまで繰り返し、どこの段でノイズが出ているか特定する。そうしたら、ノイズの出る段の真空管を、あらかじめ用意したノイズの無い真空管に交換して結果を見る。それでもノイズが出ている場合は真空管のせいではなく、その段の周辺回路のせいだと分かる。

プッシュプルのアンバランス

　プッシュプル回路でパワー管が2本あるいは4本使ってあるものは、これらパワー管のマッチド・ペアができていないとハムノイズが出て来る。プッシュプルというのは回路的にノイズに強い。というのは、2本の真空管に同相で入って来る信号は、真空管を通って、出力トランスの1次側の上で、同相が逆相になり、信号は打ち消し合い、スピーカーのつながっているトランス2次側に出て来ないのである。あるいは、出力トランス1次側のセンタータップから入って来るB電源にハムが乗っていても、これも打ち消されてスピーカーに出て来ない。ただし、以上は2本の真空管の特性が揃っていて、プレートに流れる電流が同じな時にそのようになる。これがずれて来ると、打ち消しはするけれど、消し残りが出て、スピーカー側に現れる。というわけで、プッシュプル回路のときは、ノイズという観点でも、マッチド・ペアなパワー管を使うのがお勧めである。

ヒーターが正しくグラウンドに落とされていない

　真空管のヒーター電源がシャーシーに落とされていないと、けっこう大きなジーと言うノイズを発生する。ヒーター電源の2本の線の片側をシャーシーへ接続するだけでよい。もちろん市販のアンプでこれがなされていないものは無い。ただ、ジーというノイズが出ている場合、ヒーター回りのアース処理はチェックするべきであろう。ヴィンテージアンプなどだと、長年の間にいろんなリペアがなされていることがあり、中にはひどいリペア師が回路を台無しにしていることもあるので注意である。ヒーター配線では、ヒーター電源供給のトランスの2次側（6.3Vヒーターなら6.3Vの巻き線）に中点がある場合（3.15Vと書いてあることもある）、この中点がシャーシーに落ちているはずである。あるいは、2本のヒーター線の間に100Ωぐらいの抵抗が2個つながっていて、その2本の抵抗の真ん中をアースに落としている場合もある（これをimaginary ground：仮想接地と

改造修理編　ノイズを減らす　3.3

215

いう）。この場合も、ジー雑音が出ているときはそこをチェックしてみるといい。

シールドの不良

　ほとんどのヴィンテージアンプは、回路全体の外界からのシールドが不良になっている。それは、木でできたバックパネルがシールドされておらず、シャーシーの金属のバックパネルが無い状態で、片側が開放されているからである。そして外界のノイズがその開口部から入り込む。たとえば、すべてのフェンダーのツイードアンプはそういう意味でシールド不良である。これを直すのは簡単で、バックパネルに厚めのアルミホイルを貼ればいい。もちろん、アルミホイルがシャーシーと接触するように貼らなければ意味がない。

　それから、インプットジャックから初段のグリッドへ向かう配線がわりと長い場合、誘導でそこからノイズが混入することがある。これをシールド線でやり直すことで、ノイズは減るのでやってみるといい。

真空管のピンとソケットの接触不良

　アンプが古くなってくると、真空管のピンとソケットの接触が、酸化や汚れやゆるみなどで怪しくなってくる。これは、アンプをオンにして、ボリュームやトーンをフルアップにした状態で、真空管をひとつずつ叩いたり揺すったりしてノイズが出るかどうかで判断できる。ノイズが出る真空管を特定したら、電源を切って冷めるのを待って真空管を抜き、ソケットとピンの清掃、またはソケット交換をする。ピンとソケットを無水アルコールなどを使って清掃し、ソケットがゆるんでいたら再びピンときちんと接触するように、中の金属を調整する。これは金属でできた歯科用ピックのような道具を使って作業する。それが済んだら、真空管をゆっくりと差し込んで、抜く、という動作を２、３回繰り返して、ピンとソケットの酸化被膜を摩擦によって取り除くようにするとよい。前章で書いたように、ここで接点復活剤をソケットとかにシューシュー吹きまくってびちゃびちゃにしてはならず、僕としては接点復活剤は使わない方が無難と言いたい。使うにしても、必要部分にごく少量使うようにしたい。いずれにせよ、以上が終わったら、電源を入れて、ふたたび真空管を触ってみてノイズの様子を見る。改善しなかったら、ソケットを新品に交換することになる。

部品の接触不良

　古いアンプの場合、回路のいろいろなところで、接触不良や、シャーシーグラウンドなどのネジのゆるみや、ハンダの劣化による導通不良や、部品の経年劣化による断線など、さまざまなことが起こる。これらははっきりしたノイズになることもあるし、たまに発生するものや、電源を入れ続

けると出て来るノイズなど、間欠的な掴まえ所のないノイズになることもある。チェックするのは簡単で、シャーシーを引き出して、スピーカーもつないで電源を入れ、ボリューム類をフルアップにした状態で、シャーシーの中の回路のすべてを、割りばしのようなもので（絶縁された棒で）、つついたり、叩いたりして、スピーカーから出るノイズを聞いて、不良個所を特定する。コンデンサ、抵抗などすべての部品、配線材のすべてにこれを行って、悪いところを探す。作業自体は簡単ではあるが、通電した状態なので感電は恐ろしく、いずれにせよ、初心者は止めておいた方がいいかもしれない。

　この割りばしで叩くやり方も、ノイズの出る部品をつついているつもりだけど、原因はその隣の部品や配線にあったり、つつき方が悪くて見逃したり、やはり、知識と経験と回路への理解がないと特定が難しいこともあり、そういう意味でも初心者向きではない。

スピーカー回りの不良

　スピーカーの接触不良などもノイズの原因になる。テスターでスピーカー回りの接触を調べる。手もちの別のスピーカーボックスに、アンプの出力を接続して様子を見れば、ノイズがスピーカーのせいなのかアンプのせいなのか切り分けることもできる。

部品内部でのアーク放電

　真空管アンプは数百ボルトの高圧で駆動されているので、トランスや抵抗やコンデンサなどの部品が老朽化したりダメージを受けたりして、その内部に、微妙に断線していたり、絶縁不良になっていたりする場所があると、高圧のせいでそこでアーク放電を起こすことがある。この放電は常にコンスタントには起こらず、しかし放電時にかなり激しい不定期な、スタティックノイズ、クラックリングノイズ、ポップノイズなどを発生させる。

　アーク放電を起こしている抵抗は往々にして、茶色く焼けていたりするので、そういうのは明らかに怪しい。しかし、焼けていなくても起こることもある。通電状態で割りばしでつつくことで放電状態が変化して反応するので、それで分かることも多い。アーク放電を起こしているコンデンサやトランスはなかなか分かりにくいが、周辺回路の抵抗がすべて正常なら、コンデンサの交換や、トランスの交換をして（大変だが）、様子を見ることになってしまうかもしれない。

インプットジャックの不良

　入力が二つあるデュアルタイプの場合、シールドを挿していない方のジャックにある接点が不良だとそれがノイズ源になる。図1の回路図を見ると分かるのだが、デュアルタイプの場合、接点付

きの3端子のジャックが使われている。シールドを挿していない時のこの接点の導通が不良になると、これがノイズになるというわけである。これは、いろいろシールドを抜き差ししてみると分かるはずである。その場合、清掃して接点を調整するか、ジャック交換である。

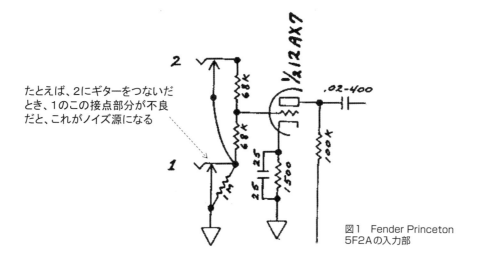

図1　Fender Princeton 5F2Aの入力部

ビザールギター

　むかしの黒人ブルースマンに、ハウンド・ドッグ・テイラーという人がいる。彼は、オープンチューニングのエレキをスライドで弾き、歌う、エルモア・ジェイムズ直系のプレイヤーである。で、そのエレキの音たるや、濁ったように激しく歪んでいて、かなり汚い音でお下品なのだが、ギスギスしたヤスリのような歌声と相まって、強烈きわまりないブルース・フィーリングを発散する。僕の大好きなミュージシャンである。

　その彼が弾いているのが、やたらスイッチがたくさん付いた怪しげなギターで、どうやらテスコあたりの日本製入門者向きギターらしいのである。この手の、50年以上昔に、ここ日本とかで作られた、奇抜な変な形をしていて、スイッチ多数で変な機能の付いた、作りの悪い、安価で粗悪なエレキは、「ビザールギター」と呼ばれている。昨今は、これはすでにヴィンテージ扱いで、かつ、物珍しさからか、特別扱いされ、そこそこの高価で取引されている。

　さいきん僕もあらためて1960年代のシカゴブルースの凶悪なのをやりたくなり、ビザールギターを手に入れようと決めた。メルカリで探すと、たしかにボロボロ出て来る。10万円とかそれぐらいの値付けである。結局、グヤトーンの1960年代製のLG-65Tというものを2万円で買った。音出ししてないのでジャンクです、と書いてあるわりには高いが、まあ、いい。届いて、ギターアンプに突っ込んでみたら、激しくギャーとかピーとか鳴るだけで、ギターの音がまったくしない。完全に壊れているガラクタである。

　前面パネルを開けて調べてみたら、まずスイッチ類の接点が全滅で、音がしないはずだ。それからリアのギターマイクが断線していて音がしない。スイッチ類は、清掃して水ヤスリで磨いて接点復活剤を塗布して復活、ギターマイクは巻き線が髪の毛より細く大変だったが、なんとかハンダ付けしてエポキシで固めて復活。こうして鳴るようになったビザールギターだが、ミニチャンプにつないで鳴らすと案の定、汚らしい凶悪な音がする。これはすげー！　と喜んだ。

　そしてこのビザールギター、弾きにくいが、がんばってライブで使った。そのときは全編シカゴブルースを歌って弾いた。ところが、ライブ後お客さんから、ギターの音が良かったと褒められてしまい、録音を聞いたら、うーむ、たしかにいい音がしている。凶悪な音でやりたかったのにそうなっておらず、これはもう、ひとえにプレイしているこの僕のお育ちが良すぎるのであろう（笑）　残念!

索 引

12AU7	18, 29, 44, 83
12AX7	12, 23, 37, 55, 157
12AX7A	106
12AX7WA	12, 106
12BH7	29
2SC1071	73, 76
2SC1815	73, 76
2段増幅回路	69
300B	106
3極管	29, 52, 88
4AB3C1B	41
50年代ブルースアンプ	52
50年代ブルースギターの音	53
5AR4	9
5C1	20, 24
5極電圧増幅管	20
5極管	17, 30, 88, 170
6AQ5	9, 29, 44
6AV6	30, 37
6BA6	30
6BD6	30
6BM8	52, 55, 121
6BQ5	91
6G15	45
6K6GT	41, 44
6L6GC	65
6SC7	55, 58
6SJ7	24, 127
6SL7	58
6V6GT	9, 18, 29, 55, 88
7025	41
AB級	95
AccuBell Sound	41
Accutronics	41
ATOM	147
A級	86
Bandmaster	90
Bassman	91
Belden	151
Billm Mod	174
Blues Classic	51, 65

B級	95
Champ	90
Champ 5E1	92
Classic Fuzz	76
CRフィルタ	129
C電源回路	207
dB	124
DC帰還	70
DF(Damping Factor)	30
DWELL	39, 49
EF86	24
Electro-Harmonix	149
Ep	84
Ep-Ip特性	84
Fender	3, 51, 137
Fender Blues Junior	3, 55, 91, 175
Fender Champ	3, 9, 32
Fender Champ 5C1	127
Fender Deluxe	90
Fender Deluxe 5A3	55
Fender Deluxe Reverb	62
Fender Reverb Model 6G15	39
Fender Twin	90
FET	77
Fuzz Face	65, 68
GE(General Electric)	12, 106, 149
Gibson	55, 90, 137
Groove Tubes	91, 149
GT管	9, 18, 55
Hammond	12, 20
h_{FE}測定回路	70
HOF mini	50
Hot Cake	72
Ip	84
Jansen	24
JJ	106, 149
Kendrick	121
Killing Floor	75
L-Pad	97
LEDインジケータ	74
LG-65T（グヤトーン）	37

Lowell Fulson	53, 59
LTspice	135, 156
Marshall	3, 51, 90, 137
Modern Fuzz	78
Modern Fuzz Face	65
MT管	18, 55
Mullard	149
New Old Stock	106
NFB(Negative Feedback)	16, 44, 186
NOS(New Old Stock)	76
NPN型	69
Peavey	60
PK反転	58
PNP型	69
PRESENCE	16, 186
Princeton	90
Providence	151
Radio tube	20
RCA(Radio Corporation of America)	106, 149
RCAジャック	45
Reconsider Baby	53
S/N比	124
schematics	90
SOL-100	110
Soldano	109
SOLDANO Supercharger G.T.O.	111
Sovtek	12, 106, 149
Spice	155
SUPER LEAD60	110
Svetlana	149
Telefunken	149
The Fender Forum	191
Tone Stack Calculator	138
Tone Stack Mod	184
Tung-Sol	106, 149
TV-Front	55
TwinStack Mod	185
Vibroverb	39
VOX	74, 90, 137
WAVファイル	161
WE(Western Electric)	106, 149
π型の平滑回路	10
アーク放電	36, 217
アース	34, 213
アクチュエータ	43
アナログスプリングリバーブ	50
アルミ電解コンデンサ	214
位相反転回路	58

インダクタンス	101
インピーダンス	30
ウーマン・トーン	38
ウェット	40
エージング	193
エフェクト	45
エミッション	61
エミッタ	70
エリック・クラプトン	38, 68, 109
エルモア・ジェイムス	68, 219
オイルコンデンサ	201
オーディオアンプ	18, 34, 49, 63, 164
オーティス・ラッシュ	60
オーバードライブ	68
オカルト	63, 145
オシロスコープ	165, 204
オペアンプ	72, 151
オヤイデ電気	151
オレンジドロップ	147, 188, 191
カーボン抵抗	127
ガイドキー	107
カソードバイパスコンデンサ	114
カソード抵抗	89
カソードフォロワ	77
カットオフ	84, 95
カラーコード抵抗	47
ガリ	36
規格表	84
基板	179
共振周波数	101
金属皮膜抵抗	127
グラウンド	14, 201
グラウンドループ	130
クラックリングノイズ	211, 217
クリーントーン	41, 49
グリッド抵抗	21, 83
グリッド電圧	84
クリップ	69
過励振	50
ゲイン	85
ケスター	152
結合コンデンサ	25, 36, 63
ゲルマニウムトランジスタ	69
現信号	40
攻撃的なえぐい音	69
ゴーストノート	212
互換球	106
黒人ブルース	52

固定バイアス	52, 86, 205
コモンモードノイズ	129
コレクタ	70
コンプレス現象	10
サーキット・ボード	179
サスティーン	68
サチュレーション	84
差動増幅	58
残響信号	40
残留リップル	24
シールドケース	131
シールド線	130
シカゴブルース	51
シグナルインジェクター	204
シグナルトレーサー	204
自己バイアス	86, 205
ジミ・ヘンドリックス	51, 68, 75, 102, 210
シミュレーション	155
シャーシー	14, 45, 201, 214
周波数特性	30, 52, 168
出力トランス	20
小信号増幅	123
曙光	149
初速度電流	57
ジョニー・ウィンター	52
シリコン整流	9
シリコントランジスタ	69
シルバーマイカ	193
シングルコイル	23, 49
シンクロスコープ	165
推奨動作点	88
スクィーリングノイズ	213
スクリーングリッド	105
スクリーングリッド損失	95
スクリーン抵抗	23
スタティックノイズ	211, 217
ヒーター電源	215
スプラグ	147
スプリングリバーブ	41
スライダック	201
整流管	9
接点復活剤	208, 216
セミアコ	54
ゼロバイアス	21, 57
戦前弾き語りブルース	51
ソースフォロワ	77
耐圧	74
ダイオード	69

ダイナミックレンジ	54
ダッチボーイ	152
ダミーロード	164, 170
ダミー抵抗	164
タレットボード	14
単波整流	24
ダンピングファクター	30, 169
チョーキング	101
チョーク	44
直接測定法	94
プレート電圧	84
抵抗値	47
低周波発振器	164
ディストーション	68
ディレーティング	99
データシート	25
デカップリングフィルタ	129
デジタルテスター	91
デジタルリバーブ	50
デジマート地下実験室	152
テスター	47, 164
テレビ管	30
電圧増幅	86
電解コンデンサ	24, 45, 63, 201
電源レギュレーション	52
電源トランス	10, 20
電流増幅率	70
電流帰還	70
電流雑音	127
動作点	21
東芝	149
トーンコントロール	31, 133
特性グラフ	23
トップノート	54
どブルース	51
トモ藤田	17
ドライ	40
トランスシャント法	91
トランス容量	107
ナチュラル・ディストーション	29, 38
成毛茂	17
入力インピーダンス	70
熱雑音	127
ノイズ	22
パーティション・ノイズ	126
ハーモニックス	212
バイアス	21
バイアス電圧	86

バイアス再設定	107
バイアス調整	83, 89
バイアス電源回路	207
倍圧整流	24
ハイゲインアンプ	109
バイパスコンデンサ	41
ハウンド・ドッグ・テイラー	219
薄膜抵抗	127
箱鳴り	102
バズィング・フィズィングノイズ	212
パッシブタイプ	97
ハムノイズ	10, 211
ハムバッカー	23
ハムバランサ	128
パワー段	10
パワーアッテネータ	17, 29, 97
パワー管	9, 39, 65, 89
半固定抵抗	187
半田吸い取り線	193
バンブルビー	146
ビザールギター	31, 219
ヒーター電流	107
ビーム管	88, 170
ヒスノイズ	210
歪系エフェクター	78
ビタミンQ	146
ヒューズ	204
表皮効果	151
平ラグ板	74
ピンアサイン	30, 105
ファズ（Fuzz）	68
ファズフェイス	69
フィードバック	68
フィルタ・コンデンサ	37
フェーズインバータ	215
フェントン・ロビンソン	61
負荷抵抗	84
負帰還	16, 44
プッシュプル	215
プッシュプルアンプ	52
プッシュプル回路	95
ブラックビューティー	146
プリアンプ管	214
ブリッジ整流	12, 44
フルアコ	54
フルテン	29, 97, 166
プレート損失	95, 105, 107
プレート抵抗法	93

プレート電圧	21
プレート電流	21, 84, 89
プレート抵抗	21, 84
プローブ	91
ブロッキング歪	118
平滑回路	14
ベース	70
ペーパーコンデンサ	201
ボイスコイル	30, 101
方形波	69
ポット	36, 100, 133, 181, 207
ポップノイズ	36, 212, 217
ボリューム	100
ホワイトノイズ	126
マイクロフォニックノイズ	126
マイナス電圧	83, 89
巻き線抵抗	100
松下	149
マッチド・ペア	215
ミキシング	45
ミニチュア管	20
無負帰還	168
無極性電解コンデンサ	102
無水アルコール	209, 216
ムスタング（74年）	37, 60, 162
ムラード型	58
モーターボーディング	212
モンタレー・ポップ・フェスティバル	75
容量抜け	207
ラグ板	14
ラジオ管	30
ラトルズリングノイズ	211
リーク	206
リップル除去	24
リトル・ウォルター	68
リバーブタンク	39, 43, 49
リバーブマシン	39
両波整流	12
励振	39, 49
励振回路	44
ロードライン	32, 88
ロバート・ジョンソン	61
ロリー・ギャラガー	52
ワンノブトーン	31

林 正樹

2023年までスウェーデンに10年ほど住んで大学の先生をしていたがリタイヤして現在、東京在住。ブルースギタリスト＆シンガー、中国料理調理、真空管アンプ設計製作、プログラミング、随筆、美術、哲学について文筆など、節操なく常に活動中。
HP: https://hayashimasaki.net

本書サービスサイト： https://rutles.co.jp/download/550/index.html

真空管ギターアンプの製作・解説・改造修理

2024年10月31日　初版第1刷発行

装丁	石原優子（ラトルズ）
本文デザイン・DTP	米本　哲（米本デザイン）

著者	林 正樹
発行者	山本正豊
発行所	株式会社ラトルズ 〒115-0055　東京都北区赤羽西4-52-6 電話 03-5901-0220 FAX 03-5901-0221 https://www.rutles.co.jp
印刷・製本	株式会社ルナテック

ISBN978-4-89977-550-8
Copyright ©2024 Masaki Hayashi
Printed in Japan

【お断り】
● 本書の一部または全部を無断で複写複製することは、法律で認められた場合を除き、著作権の侵害となります。
● 本書に関してご不明な点は、当社Webサイトの「ご質問・ご意見」ページ https://www.rutles.co.jp/contact/ をご利用ください。電話、電子メール、ファクスでのお問い合わせには応じておりません。
● 本書内容については、間違いがないよう最善の努力を払って検証していますが、監修者・著者および発行者は、本書の利用によって生じたいかなる障害に対してもその責を負いませんので、あらかじめご了承ください。
● 乱丁、落丁の本が万一ありましたら、小社営業宛にお送りください。送料小社負担にてお取り替えします。